Wachstum von Nanodrähten mittels der Metallorganischen Gasphasenepitaxie

Von der Fakultät für Ingenieurwissenschaften der
Universität Duisburg-Essen

zur Erlangung des akademischen Grades eines

Doktor-Ingenieurs

genehmigte Dissertation

von

Diplom-Ingenieur
Ingo Klaus Regolin

aus Wesel

Referent:	Prof. Dr. rer. nat. F.-J. Tegude
Korreferent:	Prof. Dr. rer. nat. K. Deppert

Tag der mündlichen Prüfung: 22.09.2010

Bibliografische Information der Deutschen Nationalbibliothek
Die Deutsche Nationalbibliothek verzeichnet diese Publikation in der Deutschen Nationalbibliografie; detaillierte bibliografische Daten sind im Internet über http://dnb.d-nb.de abrufbar.
1. Aufl. - Göttingen : Cuvillier, 2010
Zugl.: Duisburg-Essen, Univ., Diss., 2010

978-3-86955-524-9

Nonnenstieg 8, 37075 Göttingen
Telefon: 0551-54724-0
Telefax: 0551-54724-21
www.cuvillier.de

1. Auflage, 2010
Gedruckt auf säurefreiem Papier

978-3-86955-524-9

1 Einführung

Der Leitfaden zur Entwicklung in der Halbleiterindustrie wird maßgeblich durch die Mooresche Regel [1] bestimmt. Durch eine sukzessive Erhöhung der Integrationsdichte konnte die Leistungsfähigkeit elektronischer Schaltungen stetig gesteigert werden. Da diese den essentiellen Bestandteil der Informations- und Kommunikationstechnologie und somit unseres täglichen Lebens bilden, ist man bestrebt, diesen Trend in Zukunft fortzusetzen. Bei der aktuellen Entwicklung bewegen sich gegenwärtige Standard-Technologien, wie beispielsweise die optische Lithographie, gegen ihre Grenzen. Die Entwicklung alternativer Ansätze ist also maßgeblich, um derzeitige Technologien zu ersetzen, oder aktuelle Limitierungen weiter in den Submikrometerbereich zu verschieben. Daher wächst zunehmend die Bedeutung der sogenannten „Nanotechnologie“, wobei gerade der Begriff „Nano“ mittlerweile in vielen Bereichen unseres alltäglichen Lebens Einzug gehalten hat.

1.1 Nanodrähte und deren Anwendungsgebiete

Der Begriff „Nano“ kommt ursprünglich aus dem Griechischen und bedeutet übersetzt „Zwerg“. Ein Nanometer entspricht 10^{-9} m und damit ungefähr der Länge von drei aneinandergereihten Atomen.
Nanodrähte werden als Strukturen definiert, bei denen sich zwei Dimensionen im Bereich von wenigen 10 nm befinden. Die dritte Dimension, also die Drahtlänge, kann dabei mehrere µm betragen. Solche Strukturen erfahren ein besonderes Interesse im Bereich der Bauteilanwendungen, da in zwei Dimensionen eine Quantisierung auftreten kann, wobei die dritte relativ unbeschränkt ist [2]. Eine weitere potentielle Anwendung ist die Funktion als Verbindung von nanoskaligen Bauelementen, die darüber hinaus sequenziell aus dem selbigen Draht entstehen könnte. Zusätzlich sind Nanodrähte aufgrund ihres hohen Oberfläche zu Volumen Verhältnisses potentielle Kandidaten für Sensoranwendungen und Untersuchungen von weiteren Oberflächenreaktionen [3].
Generell gibt es mit der „top-down“-, bzw. „bottom-up“-Methode zwei Möglichkeiten Nanodrähte herzustellen [4]. Bei dem „top-down“-Prinzip, welches maßgeblich in den letzten Jahrzehnten dominierte und auch heute noch wichtig für die Produktion der meisten elektronischen Komponenten ist, werden die Nanodrähte mit Hilfe von Lithographie- und Ätztechnik aus Bulk-Material hergestellt. Für den Größenbereich von einigen 10 nm ist diese Technik allerdings weniger geeignet [5].
Bei der „bottom-up“- Technik versucht man die natürliche Selbstordnung von Atomen hin zu größeren Strukturen zu nutzen. Diese Technik setzt allerdings eine kontrollierte Kristallisation von Materialien aus gasförmigen oder flüssigen Quellen voraus. Nanostrukturen können in Flüssigkeiten, als Partikel in der Gasphase, oder auf festen Oberflächen hergestellt werden. Dabei ist die Epitaxie die generelle Methode zum kontrollierten Wachsen eines einkristallinen Materials auf einer kristallinen Oberfläche [6].
Die Epitaxie von Nanodrähten hat gerade im letzten Jahrzehnt rasante Fortschritte gemacht und sich zu einem hochinteressanten Forschungsgebiet entwickelt. Diese Nanodrähte haben eine kontrollierte Kristallstruktur aus verschiedensten Halbleitermaterialien. Eigenschaften wie die Drahtlänge oder der Drahtdurchmesser können ebenfalls eingestellt werden. Darüber hinaus ist man in der Lage, axiale sowie radiale Heterostrukturen innerhalb solcher Nanodrähte zu realisieren [7, 8, 9, 10, 11, 12].
Ein wesentliches Ziel der Nanotechnologie ist es, Bauelemente mit kleinsten Strukturgrößen herzustellen, wobei diese verbesserte elektrische und optische Eigenschaften verglichen zu denen der heutigen Systeme aufweisen sollen.

Da in der Halbleitertechnologie nahezu für alle Bauelemente eine kontrollierte Dotierung notwendig ist, spielen Dotierungsmechanismen für Nanodrähte eine wesentliche Rolle. Im Vergleich zu den zahreichen Ergebnissen bezüglich der strukturellen Eigenschaften von Nanodrähten, ist die Dotierung weitestgehend noch nicht verstanden.
Ein weiterer Vorteil von Nanodrähten existiert hinsichtlich der Kombinierbarkeit von diversen Materialsystemen untereinander, trotz erheblicher Gitterfehlanpassung. Aufgrund der reduzierten Wachstumsfläche einzelner Nanodrähte besteht die Möglichkeit, dass die Materialien innerhalb weniger Monolagen relaxieren und somit einkristallines Wachstum möglich wird. Die kritische Schichtdicke, die bei der konventionellen Schichtepitaxie von der Gitterfehlanpassung abhängt, geht dabei in einen kritischen Durchmesser über [13].
Resultierend daraus bietet die Kombination von III/V-Verbindungs-Halbleitern, die notwendig in der Optoelektronik sind, mit der etablierten Siliziumtechnologie ein potentielles Anwendungsgebiet, was entsprechende Arbeiten, auch aus unserem Fachgebiet, bestätigen [14, 15, 16].
Trotz dieser besonderen Eigenschaften und den potentiellen Anwendungsmöglichkeiten ist, neben den „Kohlenstoff-Nanoröhrchen", bis heute keine Nanodrahtanwendung auf dem freien Markt zu finden. Dennoch wurden bereits zahlreiche Bauelemente vorgestellt, welche eine Reihe von Möglichkeiten aufzeigen, die in der Zukunft verfügbar sein könnten.
Dominierend dabei sind die elektronischen Anwendungen, wie z. B. pn-Übergänge. Dabei tauchen sowohl Veröffentlichungen auf, bei denen beide Dotierungstypen innerhalb eines Drahtes realisiert wurden [2, 9, 17, 18, 19], als auch Strukturen bei denen das Substrat als n-, bzw. p-Teil dient [20] oder der pn-Übergang mit Hilfe von zwei in Kontakt gebrachten Drähten realisiert wurde [21].
Feld-Effekt Transistoren (FET´s) wurden ebenfalls erfolgreich aus Nanodrähten gefertigt [21, 22, 23, 24, 25], welche mit entsprechender Prozesstechnologie eine direkte Integration ermöglichen [26]. Ein hoch sensitives Bauelement, welches für „low power" Elektronik nützlich wäre ist der „Single Elektron Transistor" (SET) [27], welcher ebenso gezeigt wurde, wie eine Nanodraht basierende Resonanztunneldiode (RTD) [28]. Darüber hinaus existieren Speicherelemente, die auf Heteroübergitterstrukturen innerhalb der Nanodrähte basieren und in Zukunft zu höheren Speichereffizienzen führen sollen [29].
Ein weiteres Hauptgebiet der Forschung ist die Herstellung optischer bzw. optoelektronischer Bauelemente, so wurden beispielsweise Fotowiderstände aus Germanium (Ge) Nanodrähten demonstriert [30]. Aufgrund der hohen Kristallqualität und Verwendung unterschiedlicher Materialien konnten bereits Leuchtdioden [17, 21, 31, 32] und Laseremission in Kombination mit Zinkoxid (ZnO) [33] und Cadmiumsulfit (CdS) [34] Nanodrähten gezeigt werden. Die erste auf Silizium monolithisch gewachsene GaAs/InGaP Nanodraht-Leuchtdiode konnte Mitte 2008 demonstriert werden [35].
Die große Oberfläche von Nanodrähten und der damit verbundene Vorteil in der gesteigerten Absorption von Photonen, macht eine Anwendung in Solarzellen reizvoll, was stark verfolgt und auch schon veröffentlicht wird [36, 37]. Die große Oberfläche wird darüber hinaus auch für chemische Anwendungen ausgenutzt. Neben nanodraht-basierenden Molekularsensoren [36] werden Silizium Nanodrähte als Arsen- sowie pH-Sensoren eingesetzt [38].
Schließlich werden auch die mechanischen Eigenschaften für verschiedenste Bauteilkonzepte genutzt. Neben dem Einsatz als Sensor zur Detektion kleinster Massen [39], wird piezoelektrisches ZnO-Material als Leistungsgenerator für zukünftige Nanoantriebe [40] und zur Produktion von FET´s eingesetzt [41].
Eine weit verbreitete Methode zum epitaktischen Nanodrahtwachstum ist der so genannte VLS-Mechanismus [42, 43]. „VLS" steht für vapour-liquid-solid und bedeutet, dass Quellenmaterial aus der Gasphase zunächst in den flüssigen Zustand übergeht, bzw. in einer Flüssigkeit gelöst wird und letztlich als fester Bestandteil in den Kristall eingebaut wird.

Um diesen VLS-Mechanismus für das Nanodrahtwachstum auszunuten, werden im allgemeinen Nanopartikel als Wachstumskeime verwendet. Diese Partikel können aus verschiedensten Materialien bestehen, wobei meist metallische Elemente eingesetzt werden, die als lokale Senke für die Quellenelemente dienen.
Eine Möglichkeit diesen VLS-Mechanismus zur epitaktischen Herstellung von Nanodrähten zu nutzen, ist die metallorganische Gasphasenepitaxie (engl. **M**etal-**O**rganic **V**apour-**P**hase **E**pitaxy, MOVPE), die zudem eine bewährte Methode darstellt, hochqualitative Halbleiterschichten auf entsprechende Substrate aufzubringen. Dabei werden Kristallschichten aus der Gasphase epitaktisch, d.h. mit Orientierung der darunter befindlichen kristallinen Unterlage (Wafer) abgeschieden. Die metallorganische Gasphasenepitaxie wird hauptsächlich als Methode für konventionelles Schichtwachstum verwendet. Sie wurde erstmals 1968 von H. M. Manasevit vorgeschlagen [44] und erfährt seitdem eine rasante Weiterentwicklung. Während eines Epitaxie-Prozesses lassen sich Dicke, Dotierung sowie die Zusammensetzung der Halbleitermaterialien definiert einstellen. So können, durch die Auswahl von Halbleiterverbindungen und Dotierstoffkonzentrationen, die elektronischen Eigenschaften verschiedener Bauelemente gezielt beeinflusst werden (band-gap-engineering). Anfang der 90er Jahre konnte Hiruma diese Methode erstmals für das Wachstum von Nanodrähten erfolgreich adaptieren [45].

1.2 Aufgabenstellung

In dieser Dissertation soll das Wachstum von Nanodrähten mittels der MOVPE-Methode untersucht und weiterentwickelt werden. Dabei sollen die wachstumstechnischen Voraussetzungen geschaffen werden, um Nanodrähte für elektronische und optoelektronische Bauelemente herzustellen. Zu Beginn dieser Arbeit werden die dazu notwendigen Grundlagen zum Wachstumsmechanismus behandelt. Dabei wird zunächst ein Überblick von Methoden vorgestellt, die zeigen, auf welche Art und Weise die für das Wachstum wichtigen Wachstumskeime vor dem Wachstum aufgebracht und ggf. vorstrukturiert werden können. Neben den wichtigsten Wachstumsmechanismen wird auch kurz auf verschiedene Wachstumsmethoden eingegangen.
Die wesentliche Aufgabe dieser Dissertation besteht darin, MOVPE Prozessparameter für eine lokale katalytische Quellenzerlegung für verschiedene III/V-Halbleitermaterialien zu optimieren. Damit soll das Wachstum von Nanodrähten, im Hinblick auf die Kristallqualität und deren optische sowie elektrische Eigenschaften verbessert werden. Neben Nanodrähten aus den binären Halbleitermaterialien GaAs oder InAs sollen auch Strukturen aus ternären Verbindungen erzeugt werden, um durch entsprechende Kompositionsänderungen die Bandlücke des Halbleiters gezielt zu beeinflussen. Innerhalb des Halbleitermaterials $In_xGa_{1-x}As$ kann die Bandlücke über weite Bereiche eingestellt werden, und deckt somit auch einen großen Wellenlängenbereich ab. Auch die für Glasfaseranwendungen typischen Wellenlängen von 1,55 µm und 1,3 µm sind über die entsprechende Zusammensetzung einstellbar. Mit der Transmission-Elektronen-Mikroskopie (TEM), der energiedispersiven Röntgenspektroskopie (EDS) und der hochauflösenden Röntgendiffraktometrie (HR-XRD) werden drei Methoden eingesetzt um die erzielten Materialkompositionen zu verifizieren.
Beim Großteil der Experimente werden Gold (Au)-Nanopartikel zum Wachstum der Drähte verwendet. Diese stammen entweder aus einer kolloidalen Lösung, die auf die entsprechenden Oberflächen gebracht werden muss, oder aus der Gasphase, welche vom Fachgebiet Nanostrukturtechnik zur Verfügung gestellt werden. Obwohl sich Gold als Wachstumskeim sehr gut eignet und in den meisten partikelunterstützten Wachstumsexperimenten zum Einsatz kommt, gibt es zunehmend Arbeiten, die sich damit beschäftigen, weitere alternative Materialien als Wachstumskeime zu etablieren.

Ein Grund, Gold als Wachstumskeim zu ersetzen, ist die Tatsache, dass Gold tiefe Störstellen in Silizium verursacht [46, 47], und somit für eine zukünftige Verwendung innerhalb der Siliziumtechnologie ungeeignet ist.
Weiter könnten Wachstumskeime aus alternativen Materialien mit ferromagnetischen Eigenschaften die Möglichkeit eröffnen, Speicherelemente innerhalb von Nanodrähten zu realisieren. Als Beitrag dazu wird im Rahmen dieser Arbeit die Verwendung von Eisenpartikeln als alternative Wachstumskeime für GaAs Nanodrähte untersucht.
Für die Herstellung von Bauelementen in der Halbleitertechnologie sind Materialwechsel ein entscheidender Punkt. Diese Heterostrukturen können unter Ausnutzung spezieller Randbedingungen des Wachstumsprozesses in axialer, aber auch in radialer Richtung erzeugt werden. Aufgabe dieser Arbeit ist die Realisierung solcher Übergänge, wobei die Grenzflächenschärfe mittels entsprechender Wachstumsparameter optimiert werden soll. Grundsätzlich kann bei III-V-Halbleitern ein Materialwechsel durch den Austausch des Gruppe-V oder des Gruppe-III Elements erzeugt werden. Unterschiede, die sich daraus für das VLS Wachstum ergeben, werden im Detail untersucht. Die Kombination von III/V-Nanodrähten auf Silizium ist ebenfalls wichtiger Bestandteil dieser Dissertation. Neben diversen Vorbehandlungs-, Wachstum- und Ausheizexperimenten werden spezielle vorgewachsenen Silizium-Strukturen zur Verbesserung des Wachstums verwendet.
Im Hinblick auf Bauelemententwicklung ist die Dotierung der Halbleitermaterialien noch wichtiger als die Erzeugung von Heterostrukturen. Ohne eine gezielte Verunreinigung mit Fremdatomen sind weder elektronische noch optoelektronische Bauelemente realisierbar. Im Gegensatz zu der konventionellen Schichtepitaxie ist beim Nanodrahtwachstum weitestgehend unverstanden, wie die Dotierstoffe mit dem Wachstumskeim wechselwirken und inwieweit diese überhaupt in den Halbleiterkristall eingebaut werden. Neben Versuchen Fremdatome während des VLS-Wachstums in die Nanodrähte einzubringen, wird in dieser Arbeit auch die Möglichkeit vorgestellt, die gewachsenen Strukturen anschließend gezielt mittels Ionenimplantation zu dotieren.
Unter Anwendung der wachstumstechnischen Voraussetzungen werden im Rahmen dieser Arbeit erste Nanodrahtbauelemente hergestellt. Neben Feldeffekttransistoren aus InAs wird speziell für die Materialsysteme GaAs und InGaAs ein wichtiger Beitrag zur Dotierung geleistet, der erste pn-Übergänge zwischen Draht und Substrat ermöglicht. Belegt wird dieses anhand von Strom-Spannungs- und Elektroluminezensmessungen.

2 Wachstum von Nanodrähten

Es existiert eine Reihe von verschiedenen Verfahren zur Herstellung von Halbleiternanodrähten aus der Gasphase. Neben dem Vapor-Liquid-Solid Mechanismus (VLS), welches als Grundlage dieser Arbeit dient, werden die ebenfalls oft eingesetzten Methoden, wie das Vapor-Solid-Solid (VSS), das oxidunterstützte (oxide-assisted), sowie das selektive Wachstum (SA) vorgestellt.
Der Ablauf dieser Wachstumsprozesse, Wachstumsparameter, verschiedene Möglichkeiten zur Deposition und Strukturierung der für das VLS-Wachstum notwendigen Partikel, sowie die wichtigsten Epitaxiemethoden, werden in diesem Kapitel vorgestellt. Weitere Informationen über sämtliche Methoden zum Nanodrahtwachstum sind in [3] gegeben.

2.1 Wachstumsmechanismen für Nanodrähte

VLS-Methode

Der Vapor-Liquid-Solid Mechanismus wurde bereits 1964 erstmals von Wagner und Ellis für das Wachstum von halbleitenden Nanodrähten beschrieben [42]. Ein erstes Modell wurde zuvor in den 50er Jahren von Sears [48] entwickelt, wobei damals eine Schraubenversetzung als bevorzugter Anlagerungspunkt für die Adatome und somit als Ursache für das Nanodrahtwachstum angenommen wurde. Da derartige Versetzungen allerdings in vielen Untersuchungen nicht experimentell nachgewiesen werden konnten [49], wurde später das VLS-Modell entwickelt, welches ohne diese Annahme auskommt.
Ausgangspunkt beim VLS-Wachstum ist die Anwesenheit einer metallischen Verunreinigung, im allgemeinen Gold, auf einem halbleitenden Substrat, z. B. Silizium. Die Verunreinigungen werden in Form von Nanopartikeln vor dem eigentlichen Nanodrahtwachstum auf der Oberfläche deponiert. Dieses kann auf verschiedene Arten geschehen, die im folgenden Unterpunkt 2.2 erläutert werden.
Die derart vorbereitete Probe wird erhitzt, um einerseits das Oxid zu entfernen und eine erste Durchmischung mit dem darunter befindlichen Halbleitermaterial zu ermöglichen [50, 51]. Die Temperatur während dieses Legierprozesses, der durch Diffusion bestimmt wird, kann dabei je nach Halbleitermaterial durchaus oberhalb der späteren Wachstumstemperatur liegen, und sorgt dafür, dass der Wachstumskeim nun als flüssiger Tropfen vorliegt. Eine Legierungsbildung kann alternativ auch durch eine Zuführung des Halbleitermaterials aus der Gasphase erreicht oder unterstützt werden [52, 53].
Wird nun bei entsprechender Wachstumstemperatur weiteres Quellenmaterial angeboten, wird die erzeugte Legierung bis hin zur Löslichkeitsgrenze aufgesättigt, so dass ab diesem Punkt überschüssiges Halbleitermaterial auskristallisiert. Dieser Vorgang findet an der flüssig-fest Phasengrenze in Wachstumsrichtung unterhalb des Tropfens statt, so dass drahtförmige Strukturen entstehen, die den Legierungstropfen vor sich her schieben. Dieses führt zu den nadelartigen Strukturen, die charakteristisch für das VLS-Wachstum sind. Eine erste Ausfällung von Halbleitermaterial kann auch schon erfolgen, wenn vor dem eigentlichen Wachstumsstart ein Abkühlvorgang notwendig ist. Dabei wird die Löslichkeit innerhalb der Legierung reduziert und führt zu charakteristischen getaperten Bereichen am Fußbereich des Nanodrahtes [54].
Die Zufuhr der Quellelemente aus der Gasphase kann durch verschiedene Verfahren geschehen. Am häufigsten wird die chemische Gasphasen Deposition (engl. CVD) bzw. die metallorganische Gasphasenepitaxie (engl. MOVPE) eingesetzt, die ein Hauptbestandteil dieser Arbeit ist.

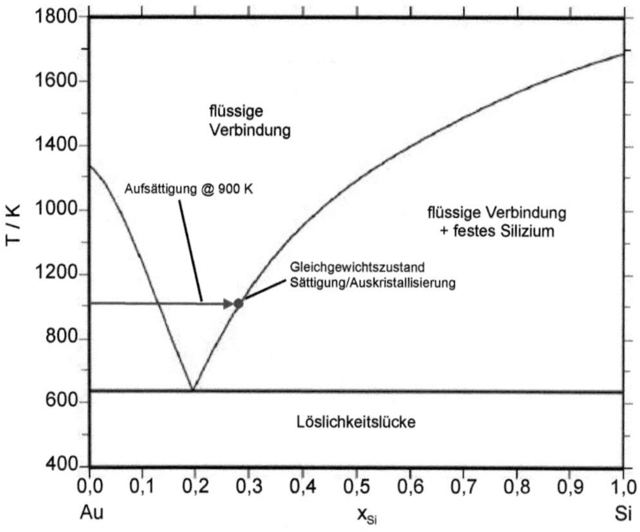

Abb. 2.1: Berechnetes Phasendiagramm für das Au-Si-System [55, 56].

In Kapitel 2.3 werden, neben dieser Methode, weitere wichtige Verfahren erläutert. Das VLS-Modell ist für elementare Halbleiter, wie z. B. Silizium weitestgehend verstanden und kann anhand des Phasendiagramms (Abb.2.1) von Gold-Silizium erklärt werden. Bei einer konstanten Temperatur von hier 900 °C kann durch Zugabe von Silizium in die flüssige Au-Si Legierung, solange der Si-Anteil erhöht werden, bis die Liquiduslinie erreicht wird. Bei weiterer Zugabe von Silizium muss gleichzeitig Silizium auskristallisieren, d.h. sich in die Kristallstruktur einbauen, damit ein Gleichgewichtszustand erreicht wird. Der Wachstumsprozess endet, wenn das Siliziumangebot abgeschaltet wird. Bereits 1975 unterteilte Givargizov diesen Wachstumsprozess in die vier folgenden Hauptschritte auf [43]:

1. **Massentransport in der Gasphase:** Beschreibt den Gasweg des Quellenmaterials innerhalb des Reaktors, bis zum Erreichen der Grenzfläche zwischen dem Prozessgas und der flüssigen Tropfenoberflächen.
2. **Chemische Reaktion an dieser Grenzfläche:** Beschreibt den Vorgang der katalytischen Zerlegung von Prozessgasen (Aufbrechen der Molekülverbindungen) an der genannten Grenzfläche.
3. **Diffusion in der flüssigen Phase:** Beschreibt den Weg des katalytisch zerlegten Reaktanten vom Eindringen in die flüssige Phase bis zum Erreichen der Grenzfläche zwischen festem Kristall und flüssigem Tropfen. Diese Grenzfläche stellt dabei unmittelbar die Wachstumsfront dar.
4. **Materialeinbau in die Kristallstruktur:** Beschreibt den Einbauvorgang in die gegebene Kristallstruktur.

Die einzelnen Prozessschritte sind in Abbildung 2.2 gegeben, welche um vier zusätzliche Teilschritte erweitert wurde. Aktuelle Modelle berücksichtigen zusätzlich eine Absorption auf der gesamten Halbleiteroberfläche (5), sowie Diffusionsprozesse entlang der Nanodrahtoberflächen, bis hin zum Wachstumskeim (6) [57, 58, 59, 60, 61].

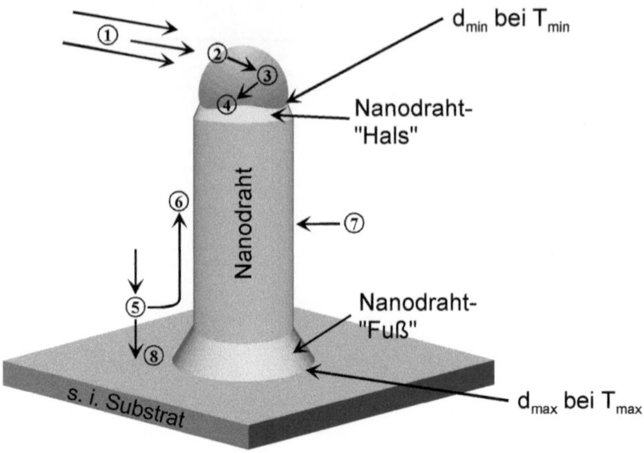

Abb. 2.2: Prinzip des Nanodrahtwachstums [61].

Die Punkte (7) + (8) stellen eine mögliche Überlagerung durch konventionelles Schichtwachstum dar, welches einerseits auf nanodrahtfreien Flächen (8), aber auch auf den Seitenflächen der Drähte stattfinden kann (7). Durch Wahl der entsprechenden Wachstumsbedingungen kann dieser Effekt genutzt werden, um beispielsweise gewollt Kern-Mantelstrukturen herzustellen. Allerdings führt ungewolltes überlagertes konventionelles Schichtwachstum zu Problemen hinsichtlich der Charakterisierung von Materialkompositionen und Leitfähigkeit der eigentlichen VLS-Kernstruktur.

In Abbildung 2.2 sind zwei weitere typische Merkmale des Nanodrahtes erkennbar. Der charakteristische Nanodrahtfuß, sowie der typische Nanodrahthals entstehen aufgrund zweier Mechanismen. Zum einen wird während der Abkühlphasen, welche nach dem Ausheizschritt und nach Beendigung des Wachstums stattfinden, die Löslichkeit des Goldpartikels reduziert, was wiederum zu einem verringerten Tropfenvolumen und somit zu einer reduzierten Kontaktfläche des Tropfens führt. Zusätzlich hängt der Radius der Kontaktfläche von der Oberflächenspannung des Tropfens selbst ab. Durch diese Oberflächenspannung strebt das Nanopartikel einen kreisförmigen Querschnitt an. Durch eine Temperaturerhöhung kann dieser Querschnitt elliptisch werden und somit eine größere fest-flüssig Phasengrenzefläche zum Wachstum der Drähte bilden.

Die hohen Wachstumsraten der Nanodrähte bis hin zu mehreren µm/min werden dadurch erklärt, dass die Oberfläche des flüssigen Legierungstropfens eine ideal raue Oberfläche mit einem Haftkoeffizienten von 1 darstellt, an dem sich die Adatome bevorzugt ablagern [49]. Des Weiteren ist die Wachstumsrate nicht durch Diffusion innerhalb des flüssigen Legierungstropfens limitiert, da lediglich das Einsammeln eines Atoms die gleichzeitige Auskristallisation, bzw. einen unmittelbaren Einbau des entsprechenden Teilchens in den Nanodraht verursacht [43].

Bei dem hier beschriebenen Prozess wurden bisher ausschließlich einzelne Halbleiterelemente (Si, Gruppe-IV) betrachtet. Komplizierter wird es, wenn das VLS-Modell auf die III/V Verbindungshalbleiter übertragen wird. Während die Gruppe-III Elemente äquivalent zu den Gruppe-IV Elementen behandelt werden, ist noch nicht eindeutig geklärt, auf welche Art und Weise die Gruppe-V Elemente in den Nanodraht gelangen. Für das Wachstum von GaAs Nanodrähten wird somit nur das Gold-Gallium Phasendiagramm für den VLS-Prozess betrachtet. Abbildung 2.3 zeigt das entsprechende Phasendiagramm indem zusätzlich der Sättigungsprozess für eine Temperatur von 700 K markiert ist.

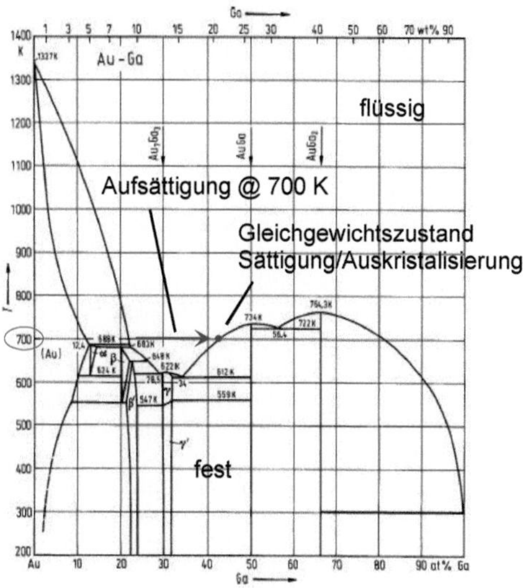

Abb. 2.3: Berechnetes Phasendiagramm für das Au-Ga-System [62].

Arbeiten, die sich speziell mit diesem Thema beschäftigen, haben gezeigt, dass Stoffe, wie z. B. Arsen oder Phosphor nicht durch das Gold in den Nanodraht gelangen, sondern omnipresent vorliegen und mittels Diffusionsprozessen unterhalb des Partikels zur Wachstumsfläche gelangen [63].

Diese Betrachtung wird beim Wachsutm von ternären Strukturen zusätzlich erschwert, die im Hinblick auf die Einstellung der, für die optische Kommunikation so wichtigen, Wellenlängen (bandgap-engeneering) unerlässlich sind. Zwar wird in einigen Veröffentlichungen über das Wachstum und die Charakterisierung von ternären Nanodrähten berichtet [16, 64, 65], allerdings bleiben mehrere Gruppe-III, bzw. Gruppe-V Elemente innerhalb des VLS-Modells unberücksichtigt.

Heterostrukturen innerhalb von III/V Nanodrähten können ganz generell auf zwei Arten hergestellt werden. Um einen Materialwechsel zu realisieren kann das Gruppe-III Element variiert werden, was aber aufgrund des Speicherungseffektes innerhalb des Goldpartikels Probleme verspricht und somit, in Abhängigkeit der Partikelgröße des Wachstumskeimes, die Bildung von scharfen Grenzflächen erschwert. Allerdings konnten bereits scharfe Gruppe-III Wechsel innerhalb von Nanodrähten gezeigt werden [65, 66]. Ein Gruppe-V Wechsel hingegen führt generell zu scharfen, abrupten Heterogrenzflächen, was an Beispielen von GaAs/GaP [67] und InAs/InP [7, 68] gezeigt wurde. Darüber hinaus besteht die Möglichkeit nach erfolgreichem Nanodrahtwachstum, durch erneutes deponieren von Goldpartikeln und anschließendem Wachstumsprozess, Heterostrukturen in baumähnlichen Strukturen zu erzeugen. Die deponierten Partikel lagern sich dabei durch Wirkung atomarer Kräfte an den bereits gewachsenen Strukturen ab, so dass beim zweiten Wachstumsprozess erneut kleinere Nanodrähte am zuvor gewachsenen Draht-„Stamm" entstehen (branching). Da durch die geometrische Anordnung der im zweiten Schritt aufgebrachten Goldpartikel weitere Freiheitsgrade der Wachstumsrichtung entstehen, können diese Strukturen (nano-trees) erzeugt werden [69, 70, 71, 72]. Die Vorzugsrichtungen entsprechen dabei wieder der <111>B-Richtung, die durch die neuen Freiheitsgrade vorliegen.

Auch hierbei wurden neben Homostrukturen auch schon Materialwechsel zwischen Nanodraht-„Stamm“ und –„Ästen“ realisiert [63, 70, 73].
Neben Heteroübergängen in axialer Richtung und den beschriebenen „Nano-Trees“, können durch die bereits erwähnte Kombination mit konventionellem Schichtwachstum auch Übergänge in radialer Richtung erzeugt werden [2, 10, 11, 12]. Hierbei werden, nach Wachstum des Nanodrahtes im VLS Modus, die Wachstumsbedingungen derart geändert, dass mittels konventioneller Epitaxie der zuvor gewachsene Draht umhüllt wird. Zu beachten ist allerdings, dass aufgrund der größeren Wachstumsfläche, äquivalent zur konventionellen Schichtepitaxie, eventuell auftretende Gitterfehlanpassungen berücksichtigt werden müssen. Darüber hinaus sind für unterschiedliche Orientierungen der Seitenfacetten differenzierte Wachstumsergebnisse zu erwarten. Auch wenn das Wachstumsmodell nicht alle der bisher genannten Punkte ausreichend beschreibt, lassen sich mit hochauflösenden Charakterisierungsverfahren Rückschlüsse auf Zusammensetzung und Grenzflächenschärfe erhalten.
Als äußerst schwierig hingegen erweist sich die Dotierung von Nanodrähten. Die Frage, ob und auf welchem Weg die Dotierstoffatome in den Nanodraht eingebaut werden, ist derzeit offen. In Abhängigkeit vom jeweiligen Dotierstoff könnten die Atome, entsprechend der Gruppe-III Elemente, durch das Gold oder, wie die Gruppe-V Komponenten, entlang der flüssig-fest Phasengrenze zur Wachstumsfront gelangen. Dotierstoffe mit guten Diffusionseigenschaften, wie z. B. Zink (Zn), könnten ebenso über die gesamte Nanodrahtoberfläche für Verunreinigungen innerhalb der Strukturen verantwortlich sein. Schon vor einigen Jahren konnten mittels Diffusion während und nach dem MOVPE Wachstum von GaAs Schichten Dotierungshöhen zwischen 10^{19} - 10^{21} cm^{-3} erzielt werden [74, 75, 76], wobei das Dotierstoffprofil einige 100 nm in den Halbleiter hineinreicht [76]. Für Nanodrähte wurde dieser Mechanismus lediglich für Silizium-, und ZnTe-Strukturen gezeigt, die mittels Bissmut [77] bzw. Kupfer [78] dotiert wurden.
Zusätzlich zu den offenen Fragen der Dotierung und des Dotierstoffweges, ist die Charakterisierung der Dotierstoffkonzentration eine schwierige Aufgabe, da der Einsatz konventioneller Messverfahren der Mikroelektronik in weiten Bereichen nicht auf das Feld der Nanodrähte anwendbar ist.
Es gibt derzeit nur wenige Veröffentlichungen, die über eine kontrollierte Dotierung verschiedener III/V Nanodrähte berichten [17, 20, 79]. Darüber hinaus kann eine gemessene n-, bzw. p-Leitfähigeit auch durch eine erzeugte Kern-Mantel Struktur entstehen, wobei lediglich die Umhüllung einen Stromtransport begünstigt [80].

Eigenschaften von Nanodrähten

Die charakteristische Form der, durch den VLS-Mechanismus, gewachsenen Drähte kann im Bezug auf den Durchmesser über viele Größenordnungen variieren. Aus Silizium wurden beispielsweise Strukturen zwischen 3,5 nm [81] bis hin zu Abmessungen von einigen hundert µm erzeugt [42]. Die Länge dieser Drähte ist dabei so einstellbar, dass Aspektverhältnisse (Länge/Durchmesser) von über 1000 erreicht werden können.
Eine besondere Eigenschaft ist das bevorzugte kristallographische Wachstum in die <111>-Richtung. Diese Eigenschaft wurde in nahezu allen Veröffentlichungen beschrieben und ist bereits 1964 zum ersten Mal gezeigt worden [42]. Darüber hinaus wurde mittels der VLS-Methode ebenfalls Nanodrahtwachstum in <112>-, <001>- und <110>- Richtung gezeigt [7, 82, 83], wobei gerade bei dünneren Drähten häufig die <110> [81, 84] und <112> [81] Richtungen beobachtet wurden. Einer der Hauptfaktoren, der die Wachstumsrichtung von Nanodrähten beeinflusst, ist die freie Oberflächenenergie [43]. Nanodrähte wachsen bevorzugt in eine Richtung, welche die geringste freie Oberflächenenergie aufweist. Ein Vergleich der freien Oberflächenenergien der <111>-, <110>- und <100>-Orientierungen ergibt folgende Ungleichung: $E_{111} < E_{110} < E_{100}$ [85].

Die <111>-Richtung besitzt die niedrigste freie Oberflächenenergie und ist daher am wahrscheinlichsten. Um senkrecht nach oben zu wachsen ist daher <111> orientiertes Substrat notwendig. Im Falle von Verbindungshalbleitern, die anstelle einer Diamantstruktur eine Zinkblendestruktur aufweisen, ist zu beachten, dass dort aufgrund der vorliegenden zwei Atomsorten, zwischen der <111>A- und der <111>B-Richtung unterschieden werden muss, wobei die <111>B-Richtung die energetisch günstigere Wachstumsrichtung ist. Theoretische Berechnungen zeigen, dass die freie Oberflächenenergie von <111>B Oberflächen etwa halb so hoch ist wie die der <111>A Oberflächen [86].

Am Beispiel von GaAs bedeutet dies, dass die Nanodrähte in Richtung der Atombindung von einem As- zum nächsten Ga-Atom wachsen. Um die verschiedenen Auswirkungen bei Verwendung unterschiedlicher Substrate zu zeigen sind in der Abbildung 2.4 Kristallorientierungen mit entsprechenden REM-Aufnahmen (**R**aster**e**lektronen**m**ikroskop) dargestellt.

Für Abweichungen zur bevorzugten <111>-Richtung wird vor allem bei den dünnen Nanodrähten die auftretenden Kannten- und Grenzflächenspannungen zwischen Legierungstropfen und Nanodraht verantwortlich gemacht [87]. Je nach Wachstumsbedingungen können beispielsweise InAs Nanodrähte auch in <100>-Richtung wachsen, was im Falle des verspannten Wachstums auf (100) GaAs mit einer auftretenden Druckverspannung erklärt wird [7]. Um senkrechtes Wachstum von InP auf (100) InP Substraten, wo keinerlei Verspannungskräfte auftreten, zu realisieren wird gezielt auf einen Ausheizschritt verzichtet [88]. Dadurch soll verhindert werden, dass die (100) Oberfläche nicht angegriffen wird und somit keine (111)-Facetten freigelegt werden. Die mittels VLS Wachstum hergestellten Nanodrähte sind über weite Bereiche einkristallin, obwohl auch Kristalldefekte, wie Stapelfehler und Zwillinge, insbesondere bei Nanodrähten aus III/V Halbleitern, zu beobachten sind [88].

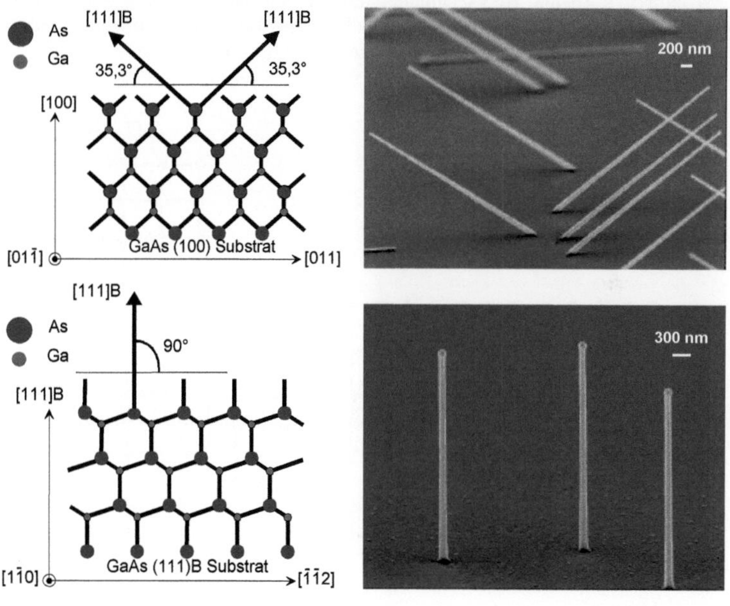

Abb. 2.4: Darstellung der Nanodraht-Wachstumsrichtung anhand der Kristallstrukturen von verschiedenen Substratorientierungen mit entsprechenden REM-Aufnahmen.

Diese führen bei einigen III/V Nanodrahtmaterialien zu einem Wechsel zwischen Zinkblende- und Wurzit-Struktur [7, 51]. Stattdessen weisen Drähte, die in <001>-Richtung gewachsenen sind, ein perfektes Zinkblendegitter auf und haben wenige Defekte [7, 88, 89]. Zwei auffällige Variationen in der Nanodrahtmorphologie sind periodische Einschnürungen, bzw. Durchmesserverjüngungen, sowie das Abknicken (wire-kinking) der Drähte, die wie bereits erwähnt, abhängig von den Wachstumsbedingungen mehr oder weniger oft zu beobachten sind. Die für den VLS typischen Einschnürungen, die mit der Struktur von Bambusstöcken vergleichbar ist, werden durch Instabilitäten während des Wachstumsprozesses und einem Selbstoszillationsprozess hervorgerufen [52, 90]. Das Abknicken der Drähte wird durch eine niedrige Wachstumstemperatur [91], ein geringes V/III Verhältnis [92], sowie durch Zwillingsgrenzen [93] begünstigt. Nach dem Abknicken setzen die Nanodrähte ihr Wachstum zumeist in eine kristallographisch äquivalente <111> Richtung fort [94, 95]. Im Gegensatz zur konventionellen Epitaxie auf großen Oberflächen, wo je nach Gitterfehlanpassungen die maximal aufzuwachsende Schichtdicke limitiert ist, spielt die Verspannung in Nanodrähten eine untergeordnete Rolle.

Durch die auf wenige Quadratnanometer reduzierte Wachstumsfläche kann sich das Atomgitter innerhalb der ersten Monolagen entspannen, so dass kristallines Wachstum trotz Gitterfehlanpassung ermöglicht wird [4, 96], was anhand der Skizze in Abbildung 2.5 zu erkennen ist. Aktuelle Untersuchungen, sowie theoretische Arbeiten zeigen, welche maximalen Nanodrahtdurchmesser in Abhängigkeit der Gitterfehlanpassung gewachsen bzw. erwartet werden können [13, 97, 98, 99]. Ein entsprechendes Diagramm zeigt den maximalen Durchmesser $2R_0$ in Abhängigkeit von der Verspannung $\Delta a/a$ in Abbildung 2.6, worin zum Vergleich auch die maximale Schichtdicke h_c für konventionelle Epitaxie angegeben ist. Das ohnehin äußerst attraktive Thema, III/V-Halbleiter auf Silizium zu integrieren, erfuhr durch diesen Vorteil des Nanodrahtwachstums gesteigertes Interesse. Erste III/V Halbleiterstrukturen konnten 2004 erfolgreich auf Silizium Substraten gewachsen werden [14, 16].

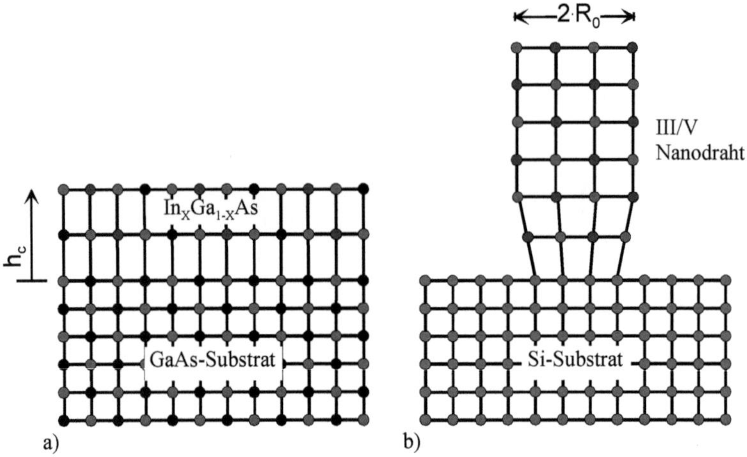

Abb. 2.5: Maximale Schichtdicke in Abhängigkeit der Gitterfehlanpassung bei konventionellem Schichtwachstum (a), die beim Nanodrahtwachstum in einen maximalen Durchmesser übergeht (b).

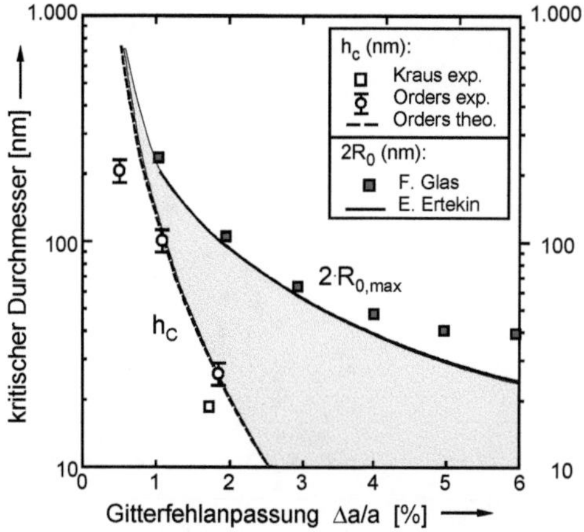

Abb. 2.6: Abhängigkeit des kritischen Durchmessers $2R_0$, sowie die kritische Schichtdicke h_c von der Gitterfehlanpassung $\Delta a/a$ [13, 97, 98, 99].

Wachstumsparameter

Um das Wachstum, die Größe, die Form, die Komposition und andere Eigenschaften der Nanodrähte zu beeinflussen, können während des Prozesses eine Reihe von Parametern variiert werden. Diese Wachstumsparameter hängen im Allgemeinen vom Materialsystem ab, welches gewachsen werden soll. Der wichtigste Parameter zum Wachstum von Nanodrähten ist die Wachstumstemperatur, welche je nach Quellenmaterial in bestimmten Bereichen liegen muss, um überhaupt selektives Wachstum erzeugen zu können. Dieses soll nun anhand des III/V-Verbindungshalbleiters GaAs verdeutlicht werden. Zum einen muss die Wachstumstemperatur mindestens so groß sein, dass eine eutektische Verbindung, in diesem Fall Gold-Gallium, an der Substratoberfläche vorliegt und genügend Energie zur chemischen Reaktion zur Verfügung steht. Zum anderen ist es aber ebenso wichtig, diffusionskontrolliertes konventionelles Schichtwachstum gering zu halten oder ganz auszuschließen, da sonst additives Wachstum auf den goldfreien Flächen, sowie an den Seitenwänden der Nanodrähte stattfinden würde.
In Abbildung 2.7 ist die thermische Zerlegungseffizienz von TMGa (Trimethylgallium) dargestellt. Es wird deutlich, dass die Zerlegung, je nach Trägergas, schon bei etwa 480 °C (ca. 750 K) 50 % beträgt. Um additives Schichtwachstum also weitestgehend auszuschließen, muss in diesem Fall eine Wachstumstemperatur im Bereich von etwa 400 °C gewählt werden. Mit steigender Wachstumstemperatur kann, aufgrund des eben beschriebenen überlagerten Schichtwachstums, eine zunehmende Aufweitung des Nanodrahtdurchmessers zum Substrat hin beobachtet werden [100]. Diese, aufgrund der Überlagerung beider Wachstumsmechanismen, charakteristischen kegelförmigen Strukturen entstehen dadurch, dass die Seitenfacetten des Nanodrahtes, an denen konventionelle Schichtepitaxie stattfindet, simultan zum vertikalen Nanodrahtwachstum wachsen. Daraus ergibt sich, je nach Quellenmaterial, ein Temperaturfenster, in dem selektives Wachstum möglich ist, wobei die vertikale Wachstumsrate innerhalb des jeweiligen Temperaturfensters ein Maximum aufweist. Im Bereich, in welchem beispielsweise konventionelles Schichtwachstum mehr und mehr stattfindet, nimmt die vertikale Wachstumsrate, also das VLS-Wachstum, rapide ab.

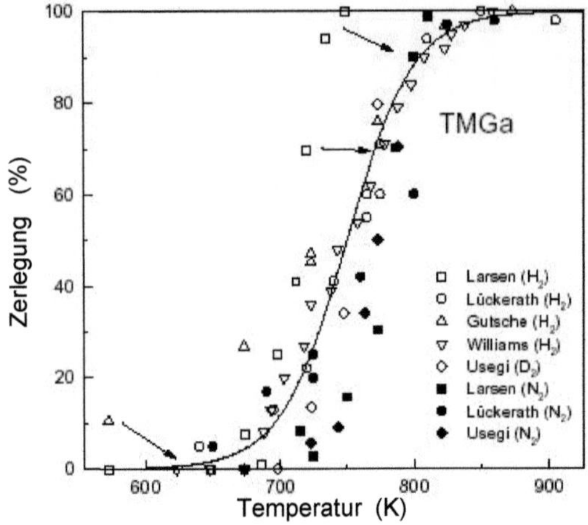

Abb. 2.7: Thermische Zerlegungskurve von TMGa (Trimethylgallium) [101].

Diese Eigenschaft ist in Abbildung 2.8 anhand des Verlaufes der Wachstumsrate für GaAs Nanodrähte, unter der Verwendung von TMGa als Quellenmaterial, dargestellt [100]. Es ist zu erkennen, dass sich für alle drei verwendeten Gruppe III-Flüsse bei ca. 470 °C ein Maximum der Wachstumsrate ergibt. Weiter wird der direkt proportionale Zusammenhang der Wachstumsrate zum Gruppe III-Quellfluss ersichtlich. Die Wachstumsrate hängt des Weiteren vom Durchmesser der zum Wachstum verwendeten Goldpartikel ab, wobei jedoch der genaue Zusammenhang erst mit der Zeit erklärt werden konnte. Erste detaillierte Untersuchungen von E. I. Givargizov zeigten, dass die Wachstumsrate mit dem Partikeldurchmesser zunimmt [43]. Aktuellere Veröffentlichungen die sich mit entsprechenden Untersuchungen beschäftigten, zeigten hingegen den Anstieg der Wachstumsrate mit abnehmendem Partikeldurchmesser.

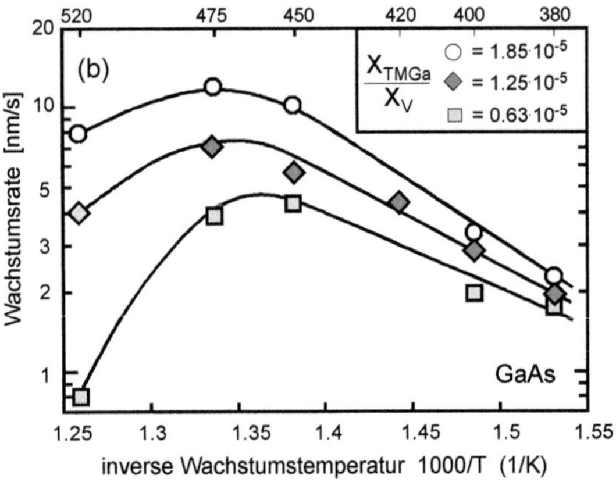

Abb. 2.8: Darstellung der Nanodraht-Wachstumsrate über der Wachstumstemperatur für drei verschiedene Flüsse [100].

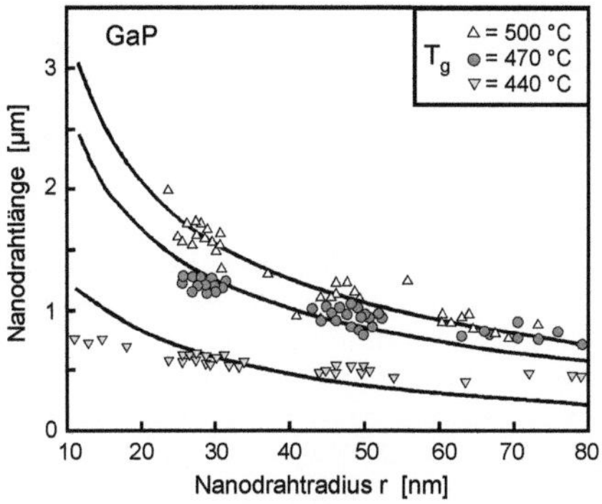

Abb. 2.9: Verlauf der Wachstumsrate über den Partikeldurchmesser. GaP Nanodrähte auf <111>-GaP mittels MOVPE Wachstum [102].

Der Verlauf der Wachstumsrate über den Durchmesser der Partikel ist in der Abbildung 2.9 dargestellt. Dieser beschreibt die Wachstumsrate von GaP Nanodrähten, die bei verschiedenen Wachstumstemperaturen auf <111>-orientiertem GaP-Substrat gewachsen wurden [102]. Um diese entgegengesetzten Beobachtungen zu erklären, muss erneut die Wachstumskinetik betrachtet werden. Die Geschwindigkeit des VLS Wachstums wird grundsätzlich durch zwei Mechanismen bestimmt [102, 103].

Einerseits wird das Wachstum aufgrund direkter Absorption an der Goldoberfläche R_P bestimmt. Hierzu zählen Elemente die unmittelbar auf der Halbkugelfläche ($2\pi r^2$) des Partikels eingesammelt werden und an die Wachstumsfläche (πr^2) gelangen. Zusätzlich spielt die Absorption an den Seitenflächen der Drähte und die damit verbundene Oberflächendiffusion der Quellenelemente in Richtung Goldpartikel R_S eine wichtige Rolle. Je nach Diffusionslänge l tragen somit zusätzlich Quellelemente, die innerhalb einer bestimmte Nanodrahtmantelfläche ($2\pi rl$) absorbiert werden und zur Wachstumsfläche (πr^2) gelangen, entscheidend zum Wachstum bei. Dieses lässt sich mit einer vereinfachten Gleichung 2.1 für das Längenwachstum R_L beschreiben:

$$R_L = m \cdot R_P + n \cdot R_S \tag{2.1}$$

Die Variablen $m = 2\pi r^2/(\pi r^2)$ und $n = 2\pi rl/(\pi r^2)$ beschreiben dabei die entsprechenden Verhältnisse zwischen Einsammel- und Wachstumsfläche. Ersetzt man die Entsprechenden Variablen und nimmt an, dass R_P ~ R_S ~ R, so erhält man den folgenden Zusammenhang 2.2:

$$R_L = 2R\left(1 + \frac{l}{r}\right) \tag{2.2}$$

Aus diesem Zusammenhang wird ersichtlich, dass die Abhängigkeit der Wachstumsrate vom Nanodrahtradius aus dem Verhältnis von Nanodrahtmantelfläche zu Nanodrahtquerschnittsfläche resultiert und somit laut dieser Gleichung die Wachstumsrate mit kleiner werdendem Durchmesser ansteigt. Der Faktor R steht hierbei für den Fluss der Reaktanden in Richtung der Oberfläche. Dieser Fluss hängt aber maßgeblich von den Druckverhältnissen während des Wachstums ab und sollte daher durch folgende Proportionalität 2.3 beschrieben werden:

(2.3) $$R \propto \left[\frac{(p - p_r)}{\sqrt{(2\pi mkT)}} \right]^n$$

Dabei ist p der Sättigungsdruck des Reaktanden innerhalb der Gasphase, die den Nanodraht umgibt und p_r der Sättigungsdruck der selben Spezies innerhalb des Tropfens mit einem bestimmten Radius r. Weiter beschreibt m die Masse des Reaktanden und k die Bolzmann Konstante. Der positive Exponent n ist ein empirischer Faktor der mittels Experimenten bestimmt wird. Weiter muss berücksichtigt werden, dass der Sättigungsdruck p_r innerhalb des Tröpfchens von dem Radius, also der Partikelgröße abhängig ist. Diese Abhängigkeit wird durch den Gibbs-Thomson Effekt beschrieben (Gleichung 2.4), welcher maßgeblich den thermodynamischen Gleichgewichtszustand beeinflusst und somit wichtiger Bestandteil der Wachstumskinetik ist.

(2.4) $$p_r = p_S \exp\left[\frac{\left(2\sigma V_{Atom}^{Tropfen}\right)}{rkT} \right]$$

Der nach Josiah Willard Gibbs und Joseph John Thomson benannte Effekt beschreibt die Eigenschaft, dass aufgrund von auftretenden Grenzflächenenergien der effektive Dampfdruck innerhalb von Flüssigkeitströpfchen mit abnehmendem Radius (d.h. Teilchen mit starker Oberflächenkrümmung) ansteigt, da bei kleinen Tröpfchen die Grenzfläche (flüssig-gasförmig) im Vergleich zum Flüssigkeitsvolumen größer ist. In Gleichung 2.4 beschreibt p_S den Sättigungsdruck der tröpfchenbildenden Substanz, σ steht für die Oberflächenenergie des Tröpfchens und V für das Volumen eines Atoms innerhalb des Tröpfchens. Berücksichtigen wir nun die Gleichungen 2.2 – 2.4 erhalten wir den folgenden Zusammenhang 2.5 für die Wachstumsrate:

(2.5) $$R_L \propto \left[\frac{\left(p - p_S \exp\left[\frac{\left(2\sigma V_{Atom}^{Tropfen}\right)}{rkT} \right] \right)}{\sqrt{(2\pi mkT)}} \right]^n \left(1 + \frac{l}{r}\right)$$

Die nun vorliegende Gleichung ist somit ein Produkt aus zwei Termen, die jeweils eine Abhängigkeit vom Partikelradius r aufweisen. Entscheidend für die daraus resultierende Wachstumsrate ist die Druckdifferenz, die sich zwischen dem Sättigungsdruck des Reaktanden innerhalb der Gasphase und Sättigungsdampfdruck innerhalb des Tröpfchens einstellt. Für hohe Gasphasenübersättigungen dominiert p in Term 1. Dadurch kann aber die Auswirkung des Gibbs Thompson Effektes vernachlässigt werden, was wiederum bedeutet, dass R_L von r in Term 2 bestimmt wird. Damit nimmt die Wachstumsrate von Nanodrähten mit abnehmendem Partikelradius zu. Befinden sich die entsprechenden Drücke in ähnlichen Größenordnungen, also in der Nähe des Gleichgewichtszustandes, wirkt sich der, mit Partikelgröße variierende, effektive Dampfdruck stärker aus. Die Abhängigkeit von r in Term 1 dominiert, was dazu führt, dass, entgegengesetzt zum vorher beschriebenen Verhalten, die Wachstumsrate nun mit dem Drahtradius ansteigt, also Drähte mit größerem Durchmesser schneller wachsen [43, 58, 102]. Welcher der beiden gegenläufigen Mechanismen das VLS Wachstum dominiert wird also maßgeblich durch den Grad der Gasphasenübersättigung festgelegt.

Da beim MOVPE- oder auch beim MBE-Wachstum in der Regel bei hohen Gasphasenübersättigungen gewachsen wird, hat der Gibbs-Thomson Effekt üblicherweise keinen merklichen Einfluss auf die Wachstumsrate und kann somit vernachlässigt werden. Somit wachsen Nanodrähte mit kleiner werdendem Durchmesser aufgrund des hohen Partialdruckes schneller. Detaillierte Modelle können aus den Arbeiten von J. Johansson et al. [102], sowie V. G. Dubrovski et al. [58] entnommen werden.
Allerdings ist es auch beim MOVPE Wachstum möglich den Bereich der niedrigen Gasphasenübersättigung zu erreichen, so dass die Wachstumsrate mit dem Partikeldurchmesser ansteigt. Dieses kann über die Reduzierung des Quellenangebotes und der damit verbundenen Absenkung der Gasphasenübersättigung geschehen.
Abbildung 2.10 zeigt anhand des Wachstums von GaAs Nanodrähten, dass die Wachstumsrate in Abhängigkeit des Partikeldurchmessers durch die gezielte Variation des Quellenpartialdrucks einstellbar ist. Hierbei wurde der Partialdruck über die Variation des TBAs Angebotes variiert, was bei konstantem TMGa Partialdruck unterschiedliche V/III-Verhältnisse zur Folge hat. Neben den beiden Bereichen der niedrigen und hohen Gasphasenübersättigung kann durch die geeignete Wahl des TBAs Angebotes, bzw. V/III-Verhältnis, erreicht werden, dass die Wachstumsrate von der Partikelgröße unabhängig wird (p_{tBAs}=7,29) [104].
Eine Möglichkeit die Wachstumsrate auch für den Bereich hoher Gasphasenübersättigung unabhängig von der Partikelgröße einzustellen besteht darin, Nanodrähte in sehr hoher Dichte zu wachsen. Gelingt es aufgrund der hohen Dichte, dass Quellelemente ausschließlich an den Nanodrahtspitzen eingesammelt werden, gelangt dadurch kein Material in die Nanodrahtzwischenräume, was somit auch Diffusion und das damit verbundene Einsammeln über die Seitenfacetten der Nanodrähte verhindert. Somit kann die Abhängigkeit von r in Term 1 und Term 2 (Gleichung 2.5) vernachlässigt werden. Unabhängig von dem hier beschriebenen Idealfall, wird allerdings ersichtlich, dass die Variation der Nanodrahtdichte zu deutlichen Abweichungen innerhalb des durch Gleichung 2.5 beschriebenen Modells führen kann.
Weiter kann über die Variation des V/III Verhältnisses die Menge der omnipresenten Gruppe-V Atome gesteuert werden. Daraus folgt eine indirekte Kopplung mit der Wachstumstemperatur, die ebenfalls über die Zerlegungseffizienzen von verschiedenen Materialien, das lokale Angebot, bzw. den Gruppe V Überdruck, steuert. Dementsprechend werden auch die strukturellen Eigenschaften, wie beispielsweise das Tapering beeinflusst.

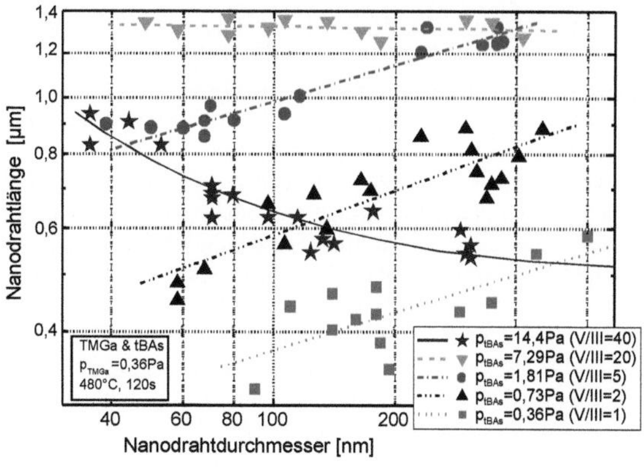

Abb. 2.10: Nanodrahtlänge in Abhängigkeit des Nanodrahtdurchmessers für verschiedene V/III Verhältnisse durch die Variation des TBAs Partialdruckes. Bei einem mittleren Partialdruck (V/III = 20) wird die Wachstumsrate von dem Nanodrahtdurchmesser unabhängig [104].

Während ein hohes V/III-Verhältnis konventionelles Schichtwachstum begünstigt und somit in gewissen Bereichen einer Temperaturerhöhung gleichzusetzen ist, verursacht ein zu geringes V/III Verhältnis, wie schon erwähnt, ein Abknicken der Drähte [92], was auch bei zu niedrig gewählten Wachstumstemperaturen zu beobachten ist [91].

VSS-Mechanismus

Der „Vapor-Solid-Solid“ Mechanismus wurde erst 2004 von Ann Perrson eingeführt [105], da eine Vielzahl von Wachstumsergebnissen nicht alleine mit dem VLS-Wachstumsmodell erklärt werden konnte. Es existieren eine Reihe von Arbeiten aus denen hervor geht, dass die Wachstumskeime bei den verwendeten Temperaturen in fester Form vorgelegen haben müssen [63, 106, 107, 108, 109]. Analog zum VLS-Mechanismus verbleibt das Partikel während des Wachstums an der Nanodrahtspitze, wobei reduzierte Wachstumsraten und andere Vorzugsrichtungen beobachtet werden können [106].

Oxidunterstütztes Wachstum

Im Gegensatz zum VLS-Mechanismus ist beim oxidunterstützten Wachstum kein metallischer Wachstumskeim notwendig. Erste Arbeiten zu dieser Methode gehen auf Lee et al. zurück [110], dem es durch lasergepulstes Verdampfen von Silizium gelungen ist, Nanodrähte ohne jegliche Verwendung von metallischen Verunreinigungen zu erzeugen. Dieser Wachstumsmechanismus ist weitestgehend noch nicht verstanden, wobei es vergleichbare Vorgänge wie beim VLS-Wachstum gibt. So soll sich beispielsweise die SiO_x Drahtspitze, aufgrund der geringen Partikelgröße, in einem quasi-flüssigen Zustand befinden und als bevorzugter Anlagerungspunkt für weiteres SiO_x dienen [110, 111]. Im Unterschied zu der bevorzugten <111>-Wachstumsrichtung während des VLS-Wachstums, werden im Falle des oxidunterstützten Prozesses hauptsächlich <112>- und <110>-Richtungen beobachtet [112, 113]. Aktuelle Nanodrahtarbeiten auf dem Gebiet III/V auf Silizium zeigen aber auch, dass gerade das Wachstum in die senkrechte [111] Richtung bevorzugt wird [114, 115]. Speziell durch den Verzicht eines Metallpartikels, bzw. einer Verunreinigung, hat diese Methode ein gesteigertes Potential im Hinblick auf die Integrierbarkeit auf Siliziumsubstraten.

Selective Area Epitaxie

Auch ohne die Verwendung von Nano-Partikeln konnte kontrolliertes Nanodrahtwachstum gezeigt werden [116, 117]. Dabei wird zunächst mit Hilfe von Fotolacktechnik und entsprechendem Belichtungsverfahren eine Maskierung mit kleinen Öffnungen von wenigen nm bis hin zu etwa 200 nm zum Substrat hin erzeugt, aus denen selektiv gewachsen werden kann.
Zu Beginn des Wachstums schließen sich also zunächst die Öffnungen, bis der Kristall schließlich aus diesen herauswächst. Ab diesem Punkt sind neben der ursprünglichen Wachstumsfläche zusätzliche Seitenfacetten entstanden, auf denen ebenfalls Kristallwachstum stattfinden kann. Aufgrund der verschiedenen Orientierungen und den damit verbundenen Eigenschaften der Oberflächen besteht die Möglichkeit über ein gezieltes Einstellen des V/III-Verhältnisses ein Wachstum auf den Seitenflächen zu unterdrücken und somit selektives Wachstum zu ermöglichen. Da dieses Wachstum ohne Verunreinigung, bzw. Quellelement stattfindet, ist auch hier großes Potential bezüglich der Siliziumintegration gegeben. Da die Wachstumsfläche bei diesem Mechanismus frei zugänglich ist, scheint auch die Dotierproblematik reduziert. Dabei muss aber beachtet werden, dass hier nur aufgrund des starken Überangebotes von Gruppe-III oder Gruppe-V Elementen ein selektives Wachstum in senkrechter oder radialer Richtung stattfinden kann, was erneut Probleme im Hinblick auf die Dotierbarkeit aufwirft.

Das Potential dieser Methode konnte bereits vor einigen Jahren anhand des Wachstums der binären Halbleitermaterialien GaAs [118, 119], InP [120] und InAs [121, 122], sowie an ternären AlGaAs [118], In(As)P [64] und InGaAs Strukturen [117], gezeigt werden. Die dabei entstandenen Strukturen weisen ein hohes Aspektverhältnis auf und zeigen nahezu kein Tapering. Auch im Hinblick auf das direkte Wachstum auf Silizium zeigen aktuelle Arbeiten das enorme Potential dieser Methode [123]. Darüber hinaus konnten anhand des Materialsystems GaAs/AlGaAs Heteroübergänge in axialer Richtung gezeigt werden [118, 124]. Übergänge in radialer Richtung wurden mittels InAs/InP realisiert [125, 126, 127]. Diese Arbeiten sind dabei meist an der Hokkaido Universität (Japan) unter der Leitung von Professor Fukui entstanden, dessen Gruppe auf diesem Gebiet eine weltweit führende Rolle einnimmt. Aus dessen Gruppe stammt auch die Veröffentlichung der ersten Solarzelle mit einem Wirkungsgrad 3,37 % [37]. Die Dotierung ist allerdings auch bei dem selektiven Wachstum schwierig.

2.2 Deposition und Strukturierung von Wachstumskeimen

Wie schon beschrieben, ist für das VLS Wachstum zunächst eine Deposition von Wachstumskeimen in Form von Nanopartikeln auf der Substratoberfläche notwendig. Dieses aufgebrachte Element muss in der Lage sein, das spätere Nanodrahtmaterial entweder in sich zu lösen, oder wie im Falle der Gruppe V Elemente zumindest als Senke fungieren, um ein selektives Wachstum, beschränkt auf Größe des Partikels, zu gewährleisten.
Wird nun die Umgebungstemperatur erhöht, steigt die Sättigungsgrenze des Partikels an, so dass es bei weiterer Aufnahme von Quellenmaterial in flüssiger Form vorliegt. Dabei muss die Schmelztemperatur des Legierungstropfens einerseits unterhalb herkömmlicher Wachstumstemperaturen für konventionelles Schichtwachstum liegen, um Wachstum auf den partikelfreien Flächen zu unterdrücken. Andererseits muss die Temperatur groß genug sein, um genügend Energie bereit zu stellen und somit überhaupt Wachstum zu ermöglichen, bzw. die Zerlegung der Quellgase an der Partikeloberfläche, sowie das Aufsättigen der Wachstumskeime zu gewährleisten. Diese Anforderungen schränken die Auswahl geeigneter Stoffe stark ein. In der Literatur werden hauptsächlich Gold-Nanopartikel verwendet und auf unterschiedliche Art und Weise auf der Waferoberfläche deponiert. Gold eignet sich, wie schon beschrieben, zum Wachstum verschiedenster Halbleiter-Nanodrähte wie z. B. Si, GaAs, GaP, InAs [51], wobei in einigen Fällen, wie beispielsweise beim InAs davon ausgegangen wird, dass die Gold-Indium-Verbindung während des Wachstums nicht in flüssiger, sondern in fester Form vorliegt [63, 108, 109]. In einzelnen Fällen wurden Nanodrähte auch mittels Silber [128], Kupfer [128], Eisen [129, 130, 131], Titan [130] und Platin [128] gewachsen. Auch wurden bereits Nickel- [128, 129, 131] und Kobalt- [129, 130] Partikel zum selektiven Wachstum eingesetzt. Mit Ga_2O_3 existiert ein weiteres Material, welches bereits als Wachstumskatalysator für GaAs- und GaP-Nanodraht verwendet wurde, jedoch nur selten zum Einsatz kam [132, 133].
Die wichtigsten Methoden zur Deposition von Goldpartikeln, die auch im Rahmen dieser Arbeit Anwendung finden, werden im Folgenden näher beschrieben. Im Allgemeinen besteht die Möglichkeit, bereits synthetisierte Gold-Nanopartikel aus der Gasphase oder aus kolloidalen Lösungen auf der Waferoberfläche zu deponieren. Alternativ können dünne Goldschichten mittels Aufdampftechnik flächig oder strukturiert abgeschieden werden.

Aufgedampfte Schichten

Die wohl einfachste Methode geeignete Goldpartikel auf einer Halbleiteroberfläche zu erzeugen, ist das ganzflächige Aufdampfen einer wenigen Nanometer dicken Goldschicht, die anschließend einem Temperschritt unterzogen wird.

Die hohe Temperatur sorgt für eine erste Durchmischung mit dem darunter befindlichen Halbleitermaterial, und eine daraus resultierende Mobilität der Goldatome, die dann aufgrund von Oberflächenspannung koagulieren. Dadurch bilden sich auf der Halbleiteroberfläche Gold-Cluster, die aber verschiedene Größen aufweisen und willkürlich angeordnet sind. Die Größe der entstehenden Cluster ist abhängig von der Legierungstemperatur, der Legierungszeit und der zuvor aufgedampften Schichtdicke. Ein Beispiel dieses Prozesses ist in [134] gegeben und in Abbildung 2.11 dargestellt. Anhand des Rasterelektronenaufnahme wird deutlich, dass die Partikelgröße und somit auch die Nanodrahtdurchmesser deutlich variieren.

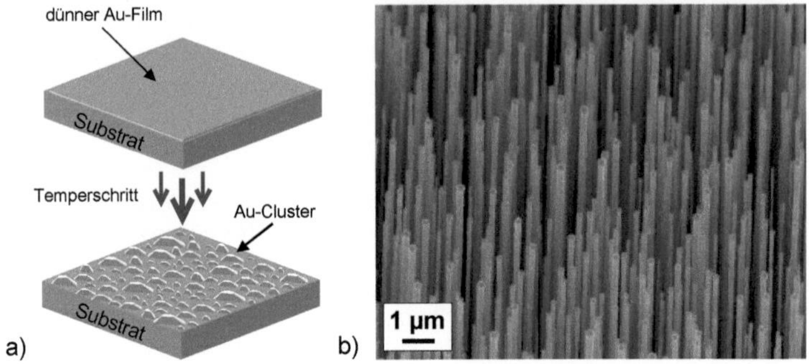

Abb. 2.11: Bildung so genannter Au-Cluster, durch einen Ausheizschritt. Prinzip (a), sowie Rasterelektronenaufnahme von Nanodrähten, die mit Hilfe dieses Prinzips gewachsen wurden (b).

Um mittels aufgedampften Goldschichten Nanodrähte zu erzeugen, die gleiche Abmessungen besitzen, ist eine Vorstrukturierung der Goldflächen notwendig. Diese sorgt dafür, dass sich aus einer bestimmten Menge Gold immer jeweils genau ein Gold-Cluster bildet.
T. Sato verwendete Anfang der 90er Jahre eine SiO_2-Maske um Goldpartikel zu strukturieren [135]. Das Prinzip dieser Strukturierung ist in Abbildung 2.12 dargestellt. Hierbei wird zunächst eine SiO_2-Maske mittels der Elektronenstrahllithographie strukturiert, so dass Fenster in gewünschter Größe auf dem Substrat frei bleiben.

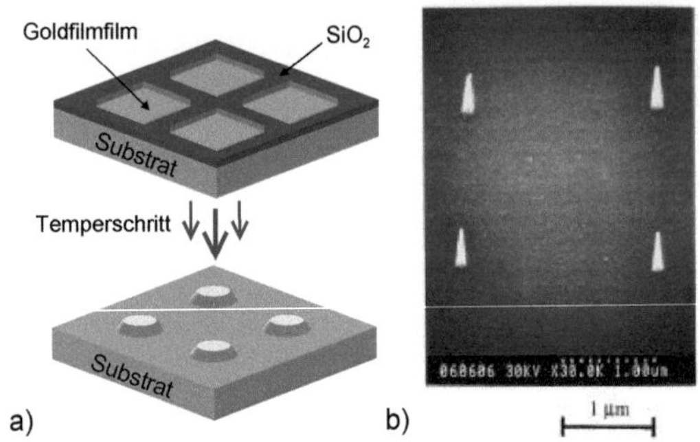

Abb. 2.12: Erzeugung strukturierter Au-Cluster, durch Verwendung einer SiO_2-Maske. Prinzip (a), sowie Rasterelektronenaufnahme von vier Nanodrähten, die mit Hilfe dieses Prozesses definiert gewachsen wurden [135] (b).

Anschließend wird ein ca. 1 nm dünner Goldfilm aufgedampft, der nach einem Lift-Off-Prozess nur die Fensterbereiche auf dem Substrat bedeckt. Der nachfolgende Temperschritt sorgt dafür, dass die dünnen Goldfilme zu Tropfen koagulieren. Dabei kann die Fenstergröße gerade so gewählt werden (200 nm x 200 nm), dass sich mit großer Wahrscheinlichkeit genau ein Tropfen bildet. Diese Methode ermöglicht es somit, durch ganzflächiges Aufdampfen von Goldfilmen, Goldtropfen in gleichen Abständen und Größen zu erzeugen.
Gezeigt wurde ebenso die Strukturierung von Gold ohne die Verwendung von speziellen SiO_2-Masken. Verwendet wird hierbei zwar auch die Elektronenstrahllithographie, jedoch genügt in diesem Fall die Strukturierung des aufgeschleuderten Fotolackes, welches die Maskierung übernimmt [92]. Abbildung 2.13 zeigt eine auf diese Weise strukturierte Anordnung von Nanodrähten mittels der Elektronenstrahllithographie. Der zunächst aufgeschleuderte Fotolack wird an gewünschten Stellen belichtet und dann entwickelt, bevor die Goldschicht aufgedampft wird. Durch den Lift-Off-Prozess bleiben Goldfilme auf den belichteten Bereichen zurück. Auch hierbei muss der Durchmesser, bzw. die Goldfilmdicke so gewählt werden, dass jeweils ein Wachstumskeim entsteht. Eine weitere Möglichkeit geordnete Nanodrähte zu erzeugen ist die Verwendung von sogenannten Aluminiumoxid-Nanokanal-Masken (engl. nanochannel alumina (NCA) template) [136]. Bei diesen Strukturen handelt es sich um gleichmäßig verteilte Poren mit Durchmessern zwischen 45 nm und 85 nm. Mittels der Elektronenstrahl-Verdampfung gelangt Gold, auf die Porengröße beschränkt, zur Halbleiteroberfläche und erzeugt somit geordnete Gold-Cluster, bzw. Nanodrähte.

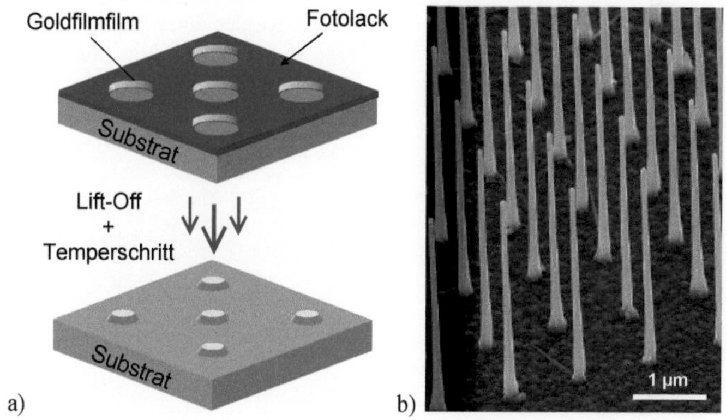

Abb. 2.13: Erzeugung strukturierter InP Nanodrähte, durch Elektronenstrahllithographie. Prinzip (a), sowie Rasterelektronenaufnahme einer Nanodrahtanordnung [137] (b).

Partikel aus der Gasphase

Eine weitere, weit verbreitete Variante zur Deposition von Goldpartikeln ist die Synthese und die Abscheidung aus der Gasphase [138, 139]. Hierbei wird die Inertgaskondensation (IGC) zur Erzeugung eines Aerosols aus Nanopartikeln genutzt. Unter Atmosphärendruck wird hierzu Gold (Au) in einem Rohrofen bei einer Temperatur von 1500 °C sublimiert. Durch einen Inertgasstrom (N_2 oder H_2), welches als Trägergas durch den Rohrofen strömt, wird das gasförmige Gold aus dem Ofen geleitet. Die dabei erfolgende Abkühlung führt zur Kondensation und Agglomeration, was wiederum zu Bildung von polydispersen Nanopartikeln führt [140]. Der Gasstrom wird anschließend durch einen bipolaren Auflader geführt, wo die Au-Partikel elektrisch geladen werden [139].

Von dort aus werden sie durch einen differentiellen Mobilitäts-Analysator (DMA) geführt [141] (engl. differential mobility analyzer), wo sie durch ein elektrisches Feld, unter Ausnutzung ihrer elektrischen Beweglichkeit, nach Größe selektiert werden. Bevor die Partikel innerhalb einer Depositionskammer auf die Probenoberfläche gelangen, werden sie bei einer Temperatur von 400 °C noch einmal gesintert, um einkristalline Strukturen zu erhalten. Diese sind am Ende der Präparation nahezu sphärisch und weisen monodisperse Durchmesser mit einer geringen Standardabweichung auf [142].
Der größte Vorteil dieser Methode ist die hohe Reinheit, welche die auf diese weise synthetisierten Partikel aufweisen. Darüber hinaus bestehen im Gegensatz zur Verwendung von kolloidalen Lösungen keinerlei Haftungsprobleme auf wasserabweisenden Oberflächen. Der einzige Nachteil ist die aufwändigere und damit zeitintensivere Präparation der Proben.
Die Möglichkeit, die Lage bereits deponierter Nanopartikel mit Hilfe der Nadelspitze eines Rasterkraftmikroskops kontrolliert zu manipulieren, konnte 1995 gezeigt werden [143] und wurde unter anderem auch an der Universität Duisburg-Essen vorgestellt [144]. Diese Methode ist ebenfalls auf Partikel aus der flüssigen Phase anwendbar, ist im Allgemeinen jedoch sehr zeitintensiv, was die Anwendung eines so massiv-parallelen Prozesses schwierig macht.

Partikel aus der kolloidalen Lösung

Die Deposition von Nanopartikeln aus der flüssigen Phase ist ein günstiger und einfacher Prozess und wird daher sehr oft eingesetzt. Hierbei befinden sich Goldpartikel, einer oder mehrerer Größen, in einer wässrigen, kolloidalen Lösung und werden einfach mit Hilfe einer Pipette und durch einen anschließenden Schleudervorgang auf den Wafer aufgebracht. (siehe Abbildung 2.14).

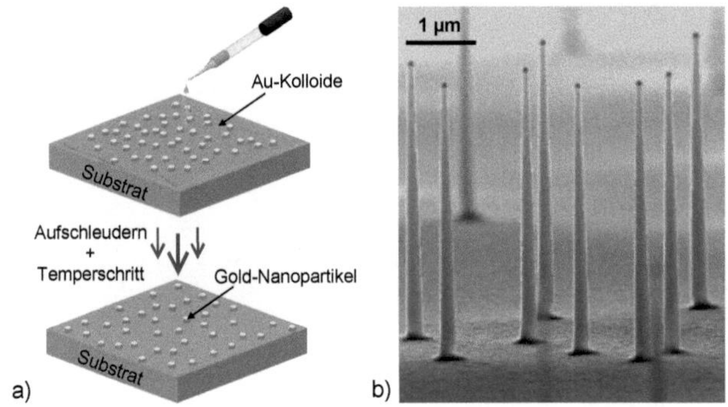

Abb. 2.14: Aufbringen von Au-Nanopartikel aus einer kolloidalen Lösung. Prinzip (a), sowie Rasterelektronenaufnahme eines Beispieles mit 100 nm Au-Partikeln (b).

Während dieser Prozedur verteilen sich die Partikel, je nach Verdünnungsgrad der kolloidalen Lösung, Schleuderdrehzahl und Beschleunigung, auf der Waferoberfläche. Anschließend werden die Flüssigkeitsrückstände durch einen Temperschritt entfernt, um eine Kontamination der Reaktorkammer beim späteren Wachstum zu vermeiden. Der große Vorteil dieser Methode liegt darin, dass eine Vielzahl von Nanopartikeln in monodisperser Form mit geringen Standardabweichungen kommerziell erhältlich ist [145].
Abbildung 2.15 zeigt eine Rasterkraftmikroskop-Aufnahme eines ca. 4 μm^2 großen gerasterten Bereiches einer GaAs Probe, auf der zuvor 10 nm große Gold-Nanopartikel aus einer kolloidalen Lösung aufgebracht wurden.

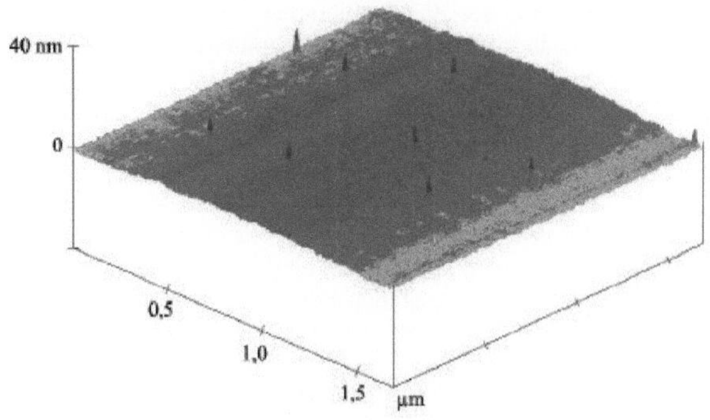

Abb. 2.15: AFM-Darstellung von 10 nm großen Gold Nanopartikeln aus der flüssigen Phase, auf GaAs Substrat.

Nachteil dieser Methode ist eine schlechte Haftung auf hydrophoben Oberflächen, welche einige Materialien wie z. B. Silizium besitzen. Hier wird der Einsatz zusätzlicher Haftvermittler wie Polylysin notwendig, um homogene Partikelverteilungen zu erzielen [146].

2.3 Methoden für das Nanodrahtwachstum

Der Begriff Epitaxie stammt aus dem griechischen und bedeutet soviel wie "geordnetes Aufwachsen". Epitaxie ist eine Form des Kristallwachstums, bei welcher die kristallographische Information (Orientierung, Symmetrie) der aufwachsenden Halbleiterschicht aus dem kristallinen Trägermaterial (Substrat) übernommen wird. Abhängig davon, ob Substrat und aufwachsende Kristalle bzw. Schicht aus gleichem oder unterschiedlichem Material bestehen, werden auch die Bezeichnungen Homo- beziehungsweise Heteroepitaxie verwendet. Neben der Metallorganischen Gasphasenepitaxie (MOVPE), die im Rahmen dieser Arbeit zum Wachstum eingesetzt wird, werden auch andere für das Nanodrahtwachstum relevanten Verfahren kurz beschrieben.

Metallorganische Gasphasenepitaxie

Die metallorganische Gasphasenepitaxie MOVPE (engl. metalorganic vapour phase epitaxie) ist eine bewährte Methode, hochqualitative Halbleiterschichten auf entsprechende Substrate aufzubringen. Dabei werden Kristallschichten aus der Gasphase epitaktisch, d.h. mit den Gitterinformationen der darunter befindlichen kristallinen Unterlage, dem Wafer, abgeschieden. Die metallorganische Gasphasenepitaxie wurde zum ersten Mal 1968 von H. M. Manasevit vorgeschlagen [44] und erfährt seitdem eine rasante Weiterentwicklung.
Der eigentliche Durchbruch dieser Methode gelang, als die ersten Schichten in einer Qualität hergestellt werden konnten, welche die Fertigung von elektronischen Bauelementen ermöglichte [147]. Anfang der achtziger Jahre etablierte sich die MOVPE als Epitaxiemethode für LED- und Laser-Strukturen [148]. Später wurden erste auf Nitrid basierende blaue LASER gezeigt [149] und beispielsweise (InGa)P/GaAs-HBT als Leistungstransistoren für die Kommunikationstechnik hergestellt [150, 151]. Moderne industrielle Anlagen verfügen über große Reaktoren in denen beispielsweise 5mal 6-Zoll-Substrate bzw. 95mal 2-Zoll-Substrate gleichzeitig prozessiert werden können und somit einen hohen Materialdurchsatz ermöglichen.

Nanodrähte wurden erstmals 1991 von Hiruma mittels metallorganischer Gasphasenepitaxie hergestellt [20, 45, 152], der in dieser Zeit Pionierarbeit auf diesem Gebiet leistete [50, 57, 153, 154]. Aktuell ist die metallorganische Gasphasenepitaxie weltweit als Methode für das Nanodrahtwachstum aus verschiedensten Halbleitermaterialien etabliert [64, 103, 104, 117, 155, 156, 157, 158].
Der MOVPE-Prozess ist bei Atmosphärendruck (engl. **A**tmospheric **P**ressure, AP) und bei Niederdruck von einigen 10 mbar (engl. **L**ow **P**ressure, LP) möglich. Die Ausgangsstoffe beim MOVPE Prozess sind einerseits metallorganische Verbindungen von Methyl- oder Ethylgruppen (CH_3/C_2H_5), in denen die Gruppe III-Elemente, wie z.B. Ga, In, Al, enthalten sind. Diese metallorganischen Verbindungen liegen als Quellverbindungen in fester oder flüssiger Form vor, werden in temperaturgeregelten Edelstahlbehältern (Bubblern) gelagert und durch das Bubbler-Prinzip in die Gasphase überführt. Hierzu werden Trägergase wie z.B. reinster Wasserstoff oder Stickstoff durch die Bubbler geleitet, welche dann die Ausgangsstoffe aufnehmen und mit sich führen. Dieser Prozess wird durch die Durchflussmenge des Trägergases, den Druck innerhalb der Quelle und durch die Temperatur des Bubblers, welche den materialspezifischen Sättigungsdampfdruck einstellt, bestimmt.
Als Gruppe-V Quellmaterialien wurden lange Zeit ausschließlich Hydride wie AsH_3 und PH_3 verwendet. Da diese hoch toxischen gasförmigen Stoffe mit Überdruck in Stahlflaschen gelagert werden und daher ein hohes Gefahrenpotential besitzen, werden diese aktuell des öfteren durch alternative Quellverbindungen wie Tertiärbutylarsin (TBAs) und Tertiärbutylphosphin (TBP) ersetzt, die in flüssiger Form ebenfalls nach dem Bubblerprinzip der Quelle entnommen werden [159]. Da sich die Drücke innerhalb dieser Behälter etwa bei Umgebungsdruck befinden oder sogar unterhalb liegen, ist das Gefahrenpotential, gerade was die Ausbreitungsgeschwindigkeit im Falle einer Leckage betrifft, deutlich reduziert [159].
Dotierstoffe wie z. B. Silizium existieren sowohl als gasförmige Quelle als auch in alternativer Form in Bubblerkonfiguration. Die verschiedenen Prozessgase der Gruppe-III- und Gruppe-V-Elemente sowie Dotierstoffe werden innerhalb des Gaskabinetts noch getrennt zum Reaktorbereich weitergeleitet und vermischen sich erst unmittelbar vor dem Reaktor. Dieses geschieht über Rohrleitungen, Ventilsteuerungen, Massenfluss- und Druckregler. Mit den verschiedenen Druckregler- und Massenflussreglerkombinationen lassen sich somit die notwendigen Materialflüsse einstellen. Detailliertere Zusammenhänge und genauere Beschreibungen sind aus [159, 160, 161] zu entnehmen.
Die separate Zuführung hat drei Gründe. Erstens wird eine parasitäre chemische Reaktion der einzelnen Prozessgase vor dem Reaktorbereich verhindert, zweitens können die Prozessgase durch Verwendung von VENT/RUN-Ventilen unabhängig voneinander eingestellt und stabilisiert werden, und drittens ist durch den Einsatz dieser Ventile ein sehr schneller Austausch der Prozessgase im Reaktor möglich. Die Funktion der VENT/RUN-Ventile kann mit dem Zirkulationssystem einer Warmwasserleitung verglichen werden. Bei Öffnen des Wasserhahns steht sofort warmes Wasser zur Verfügung, da schon zuvor das Wasser unmittelbar vor der Entnahmestelle zirkuliert.
Bei der MOVPE wird der Gasfluss zunächst über VENT eingestellt und stabilisiert und strömt bei Umschalten auf RUN sofort in den Reaktorkopf. Im Reaktorkopf findet dann die Vermischung der Gruppe-III-, Gruppe -V- und Dotierstoff-Prozessgase statt.
Das vermischte Gas strömt dann in den Reaktor, in dem der eigentliche epitaktische Vorgang abläuft. Dabei ist darauf zu achten, dass sich ein laminarer, d.h. wirbelfreier, Gasfluss ausbildet, um die Grundvoraussetzung für ein stationäres Strömungsprofil im Reaktor zu erfüllen. Bei der hier eingesetzten Anlage ist der Reaktor aus Quarzglas und besteht aus dem äußeren Reaktorrohr und dem inneren Linerrohr, in dem der Suszeptor (Substrathalter) liegt. Auf dem Suszeptor, der aus einem Graphitblock besteht, befindet sich das zuvor eingebaute Substrat, bzw. die mit Gold-Nanopartikeln belegte Probe, auf dem die kristallinen Schichten bzw. Nanodrähte aufwachsen sollen.

Der Suszeptor, der je nach Bauart sowohl in einem horizontalen als auch in einem vertikalen Reaktor vorkommen kann, wird entweder mittels Hochfrequenz-Spule oder mit einer Halogenlampenanordnung geheizt. Oberhalb des geheizten Suszeptors bildet sich dadurch ein Temperaturprofil aus, in dem die Prozessgase aufgrund der zugeführten thermischen Energie reagieren können [148, 162]. Da Gruppe-V Atome wie z. B. As und P bei hohen Temperaturen flüchtig werden und leicht von der Halbleiteroberfläche verdampfen, werden die entsprechenden Quellverbindungen stets im Überschuss angeboten, um die Oberfläche zu stabilisieren [148, 163]. Durch den Trägergasstrom werden die Reaktionsprodukte nach dem Durchströmen durch eine Kondensations-/Partikelfiltereinheit einem Gasreinigungssystem zugeführt [160, 161]. Hochtoxische und brennbare Prozessgase werden dort nasschemisch oder auch trockenchemisch in sogenannten Scrubbern oder keramischen Filtereinheiten neutralisiert, bevor die Abgase dann ohne Arsen und Phosphor in die Abluft geleitet werden. Der Gasweg innerhalb einer MOVPE Anlage ist in Abbildung 2.16 vereinfacht dargestellt.
Ein weiterer wichtiger Bestandteil einer MOVPE-Anlage ist ein aufwendiges Sicherheitssystem, welches die gesamte Anlage ununterbrochen überwacht. Hierzu gehört eine flächendeckende und hochempfindliche Gassensorik, die bei Überschreitung vorgeschriebener Alarmwerte auslöst und somit den betriebssicheren Zustand garantiert. Unabhängig von der jeweiligen Anlagenkonfiguration beschreiben die Epitaxieparameter einen Epitaxieprozess in allgemeiner Form. Dies ermöglicht Epitaxieprozesse direkt auf andere MOVPE-Anlagen zu übertragen. Dabei muss beachtet werden, dass nur nominelle Parameter, die sich von Anlage zu Anlage unterscheiden, angegeben werden. Die Verwendung von unterschiedlichen Trägergasen (H_2/N_2) und Gasflussgeschwindigkeiten v_{gas}, kann einen Temperaturunterschied von einigen 10 °C ausmachen [162, 164]. Weitere wichtige Parameter für den Epitaxieprozess können aus [161, 165] entnommen werden. Hiruma nutzte 1991 die MOVPE erstmals zum Wachstum von GaAs Nanodrähten [45]. Weitere seiner Arbeiten befassten sich Anfang der 90er Jahren mit dem Wachstum von GaAs- und InAs Nanodrähten auf GaAs Substrat [50, 152, 153, 154], AlGaAs Strukturen [65], sowie ersten Dotierungsexperimenten an GaAs Nanodrähten [20].

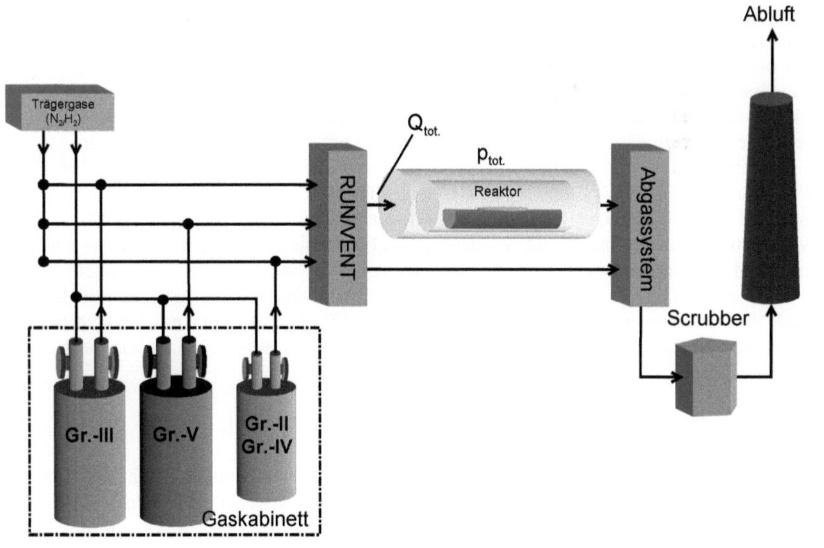

Abb. 2.16: Schematische Darstellung der Gaswege innerhalb einer MOVPE Anlage.

Mit Beginn des 21.-ten Jahrhunderts nutzte vor allem die Gruppe aus Lund die MOVPE Methode zum Wachstum von Nanodrähten aus diversen Halbleitermaterialien [92, 100, 166]. Seit dem wird die MOVPE weltweit von zahlreichen Gruppen für das Nanodrahtwachstum verwendet. Die reine CVD (engl. chemical vapor deposition) wird selten zum Nanodrahtwachstum eingesetzt und ist nicht zwangsläufig epitaktisch. Ein Beispiel ist in [84] gegeben.

Die in dieser Dissertation hergestellten Strukturen wurden ausschließlich mittels der metallorganischen Gasphasenepitaxie hergestellt. Augrund der hohen Wachstumsraten, die dabei erreicht werden, und der Quellen- bzw. Materialvielfalt eignet sich diese Epitaxiemethode besonders zum Nanodrahtwachstum. Aktuell und auch in Zukunft bildet die MOVPE zur Realisierung und Umsetzung neuer Ideen, nicht nur im Hinblick auf die Nanotechnologie, einen zentralen Punkt innerhalb der Epitaxiemethoden. Eine Vielzahl von verschiedensten Anwendungen machen den MOVPE-Prozess derzeit zu einem der wichtigsten Depositionsprozesse in der Halbleitertechnologie.

Molekularstrahlepitaxie (MBE)

Die Molekularstrahlepitaxie ist eine alternative Methode, die das Wachstum einkristalliner Schichten mittels Ultrahochvakuum (UHV)-Technik ermöglicht. Dieses geschieht bei sehr niedrigen Gruppe-V Drücken von ca. 10^{-5} mbar innerhalb der Reaktorkammer. Die Quellstoffe liegen, im Gegensatz zur metallorganischen Gaspahsenepitaxie, bereits in elementarer Form vor und werden in Verdampfungstiegeln (*Effusionszellen*) erhitzt. Das Ultrahochvakuum sorgt dafür, dass die Quellmaterialien ohne Stöße mit dem Hintergrundgas als gerichteter Molekularstrahl zum Substrat gelangen. Dieses wird ebenfalls geheizt und erlaubt so ein geordnetes Anwachsen der Schicht. Erste Arbeiten wurden 1968 und 1970 anhand von Wechselwirkungsstudien auf GaAs Oberflächen durchgeführt [167, 168, 169]. Durch Steuerung der Tiegeltemperaturen sowie kontrolliertem Öffnen, bzw. Ausblenden, des Molekularstrahls einzelner Quellen können komplizierte Mehrschichtstrukturen mit wechselnden Zusammensetzungen und Dotierungen hergestellt werden. Die Schichtdicken können wenige Atomlagen (also weniger als ein Nanometer) bis hin zu einigen Mikrometer betragen. Der MBE-Prozess kann durch geeignete in-situ Verfahren (RHEED, Ellipsometrie), welche den Wachstumsprozess nicht beeinflussen, kontrolliert und gesteuert werden.
Nanodrahtwachstum mittels MBE konnte erstmals 1998 von J. L. Liu gezeigt werden, der Siliziumstrukturen auf (111) Siliziumsubstrat realisierte [170, 171]. Die Wachstumsraten liegen mit ca. 1 µm/h dabei in der Größenordnung der konventionellen Schichtepitaxie.
Das MBE Nanodrahtwachstum unterscheidet sich deutlich zu dem klassischen VLS-Wachstum mittels MOVPE und CVD. Bei dem MBE Prozess gibt es keine klassische Katalyse, d. h. keine lokale Quellzerlegung mit Hilfe eines Wachstumskeims. Stattdessen ist das Wachstum auf einen Unterschied des chemischen Potentials zwischen der oberen Wachstumsfront und der Substratoberfläche zurückzuführen. Auch bezüglich der kinetischen Aspekte gibt es Unterschiede im Wachstumsmodell. Obwohl bis heute weitere Arbeiten mit Hilfe von MBE Wachstum veröffentlicht wurden [69, 83, 136, 172, 173], ist die Anwendung dieser Methode zum Wachstum von Nanodrähten bei weitem nicht so weit verbreitet wie die metallorganische Gasphasenepitaxie.

Chemische Molekularstrahlepitaxie (CBE)

Die chemische Molekularstrahlepitaxie ist eine der MBE verwandte Hybridtechnik, bei der eine oder mehrere Strahlquellen aus Molekülverbindungen anstelle von elementaren Ausgangsstoffen bestehen. Diese Technik ist zwar um einiges vielseitiger als die reine MBE, aber generell sehr teuer und zeitaufwändig.

Trotz der zuletzt genannten Nachteile existieren einige Veröffentlichungen, bei denen die CBE erfolgreich zum Nanodrahtwachstum eingesetzt wurde. Führend auf diesem Gebiet für das CBE-Wachstum von III/V Nanodrähten ist die Gruppe aus Lund (Schweden) unter der Leitung von L. Samuelsson. Neben fundamentalen Ergebnissen zum Wachstum von GaAs [51, 174], InAs [68] und InP [68], konnten mittels hochauflösender Transmissionselektronenmikroskopie extrem scharfe Heteroübergänge bei dem Materialsystem InAs/InP gezeigt werden [7, 28].
Diese Eigenschaften wurden weiter für die Entwicklung einer InP/InAs basierten Nanodraht-Resonanz-Tunneldiode (RTD) [28] und zur Herstellung eines Single-Elektron Transistors verwendet [D35].

Laserablations-Methode

Als Laserablation wird im allgemeinen das Abtragen von Material von einer Oberfläche bei Beschuss mit gepulster Laserstrahlung bezeichnet. Dabei befindet sich das Ausgangsmaterial (Target) in einem Rohrofen, in dem die Reaktionstemperatur eingestellt werden kann. Um Nanodrähte herzustellen, wird ein gepulster Laser auf ein Ausgangsmaterial fokussiert, welches sich in einem Quarzröhrchen befindet. Der gesamte Aufbau wird über ein Pumpensystem mit Trägergas durchströmt, in dem sich das verdampfte Ausgangsmaterial, z. B. Silizium, befindet. Befindet sich nun ein Substrat mit Wachstumskeimen in diesem Gasweg, können auch hier, z. B. in Kombination mit der VLS Methode, Nanodrähte wachsen. Da genau wie bei dem MBE Wachstum die Ausgangsmaterialien in elementarer Form vorliegen, ist keine zusätzliche Zerlegung über die Temperatur notwendig. Im Vergleich zur metallorganischen Gasphasenepitaxie wird die Laserablations-Methode zum Nanodrahtwachstum deutlich weniger eingesetzt. Häufige Anwendung fand diese Methode in der Arbeitsgruppe von C. Lieber (USA) [84, 175, 176], wobei dort aber auch andere Methoden wie z. B. die CVD zum Einsatz kamen.

3 Nanodrahtwachstum mittels der metallorganischen Gasphasenepitaxie

In diesem Kapitel werden die Wachstumsergebnisse dieser Dissertation vorgestellt und diskutiert. Dabei wird zunächst auf das Wachstum binärer und ternärer Strukturen, sowie gezieltes Kern-Mantel-Wachstum eingegangen. Weiter werden Ergebnisse zur Verwendung von Eisenpartikeln als alternative Wachstumskeime vorgestellt. Darüber hinaus wird die Erzeugung von Heterogrenzflächen und die Dotierbarkeit von Nanodrähten behandelt.

3.1 Wachstum von III/V Nanodrähten

Um den VLS-Mechanismus auszunutzen, müssen, wie in Kapitel 2 beschrieben, vor dem eigentlichen Nanodrahtwachtum in der MOVPE-Anlage zunächst geeignete Partikel auf der Substratoberfläche deponiert werden. Die in dieser Arbeit verwendeten Partikel stammen zum einen aus der Gasphase und wurden von Fachgebiet Nanostrukturtechnik zur Verfügung gestellt. Des Weiteren wurden Partikel aus einer kolloidalen Lösung verwendet. Ebenfalls konnten Goldpartikel durch das Ausheizen zuvor aufgedampfter Schichten erzeugt werden. Proben, die mit Partikeln aus einer kolloidalen Lösung belegt wurden, sind unter N_2 Atmosphäre bei 300 °C für 300 Sekunden einem zusätzlichen Ausheizschritt ausgesetzt worden, um organische Reste zu entfernen und Kontamination des MOVPE Reaktors zu vermeiden.

3.1.1 Binäre Materialien

GaAs auf GaAs Substrat

Mit Beginn der Nanodrahtaktivitäten im Fachgebiet <HLT> Anfang 2004 wurde zunächst das Materialsystem GaAs untersucht. Aufgrund von Literaturberichten über die gute strukturelle Beherrschbarkeit von GaAs [50, 100], deren optischen Eigenschaften [45, 50, 153], bis hin zur Erzeugung von pn-Übergängen [20], bot sich gerade dieses Material für erste detaillierte Wachstumsexperimente an.
Zum Wachstum von GaAs Nanodrähten stand neben TMGa (Trimethylgallium) auch TEGa (Triethylgallium) als Gruppe III-Quellenmaterial und zu Verfügung. TEGa zerfällt aufgrund der instabileren Ethylverbindungen bei deutlich geringeren Temperaturen als das verwandte TMGa. Dieses Verhalten ist anhand der Zerlegungskurven in Abbildung 3.1 zu erkennen. Je nach verwendetem Trägergas weisen die Zerlegungskurven einen Temperaturunterschied von bis zu 200 °C auf. Aufgrund dieser Eigenschaft ist TEGa mittlerweile für die konventionelle Schichtepitaxie etabliert, gerade wenn die alternativen Gruppe-V Quellen TBAs und TBP eingesetzt werden und man bei niedrigeren Temperaturen wächst [159].
Neben zahlreichen Veröffentlichungen über den erfolgreichen Einsatz von TMGa zum Wachstum von beispielsweise GaAs Nanodrähten [50, 100, 104, 158], wurde zu Beginn dieser Arbeit erstmals TEGa zum Wachstum von GaAs Nanodrähten eingesetzt. Neben der möglichen Verwendbarkeit von TEGa zum Nanodrahtwachstum, richteten sich die ersten Versuche auf einen Vergleich zum Quellenmaterial TMGa. Als Gruppe V-Quelle wurde TBAs (Tertiarybutylarsine) verwendet.
Bevor die jeweiligen Wachstumstemperaturen für GaAs Nanodrähte eingestellt wurden, sind die vorbereiteten Proben zwischen 5 - 10 Minuten bei etwa 600 °C, unter TBAs Gegendruck ausgeheizt worden, um einerseits das Oxid von der Substratoberfläche zu entfernen und darüber hinaus eine erste Aufsättigung der Goldpartikel mit Gallium aus dem sich darunter befindlichem Substrat zu ermöglichen.

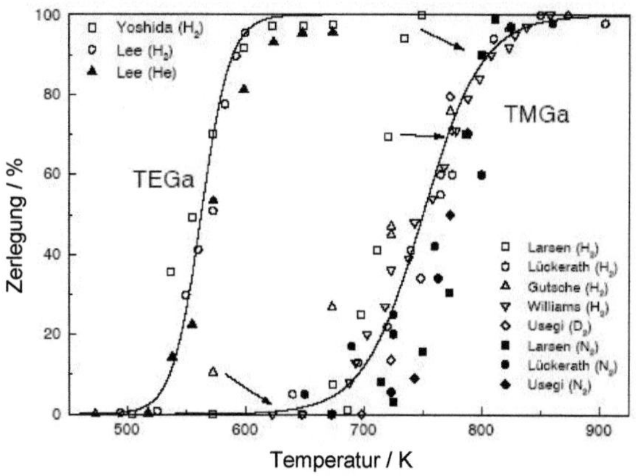

Abb. 3.1: Zerlegungseffizienz von TMGa und TEGa [101].

Nach dem Ausheizen wird die Wachstumstemperatur eingestellt. Das Nanodrahtwachstum beginnt, sobald der Gruppe-III Fluss zusätzlich zum TBAs in den Reaktor geleitet wird. Während des Wachstums wurde, bei einem Reaktordruck von 50 mbar und einem Gesamtgasfluss von 3,4 l/min, ein V/III-Verhältnis von 5 eingestellt. Um den Temperaturbereich für die ersten GaAs Wachstumsversuche unter der Verwendung von TEGa festzulegen, wurden die bereits gewonnenen Erkenntnisse des VLS-Wachstumsmodells unter Berücksichtigung der jeweiligen Zerlegungseffizienzen verwendet. Beim VLS Wachstum wird mit Hilfe des Wachstumskeims die Zerlegung, und somit das Einsammeln der Quellelemente, stark begünstigt. Darüber hinaus möchte man auf der keimfreien Oberfläche und an den Seitenfacetten der bereits gewachsenen Nanodrähte das Schichtwachstum unterdrücken. Daraus folgt, dass sich die Wachstumstemperatur in Bereichen geringer Zerlegungseffizienzen befinden muss, also links der jeweiligen Verläufe in Abbildung 3.1. Für den Fall von TEGa würde dies, je nach Trägergas, eine ungefähre Wachstumstemperatur von 300 °C für eine Zerlegungseffizienz von 20 % bedeuten, was allerdings wieder Probleme hinsichtlich der Zerlegung von TBAs und des damit verbundenen notwendigen As-Überangebotes vermuten lässt. Daher wurden zunächst Wachstumstemperaturen von 330 °C bis 450 °C eingestellt, obwohl dadurch eine wahrscheinliche Überlagerung durch additives Schichtwachstum während der ersten Versuche in Kauf genommen wurde.

Abbildung 3.2 zeigt GaAs Nanodrähte, die unter Verwendung von TEGa bei 420 °C (a), bzw. 450 °C (b) auf (111)B orientiertem GaAs Substrat gewachsen wurden. Die Wachstumszeit betrug in beiden Fällen lediglich 5 min, was die für den VLS-Modus außergewöhnlich hohen Wachstumsraten verdeutlichen. In beiden Abbildungen (a und b) sind aufgrund des Kontrastunterschiedes die zuvor aufgebrachten Goldpartikel, die während des Prozesses an der Nanodrahtspitze verbleiben, deutlich zu sehen. Die hierfür verwendeten Goldpartikel stammen aus einer kolloidalen Lösung, also aus der flüssigen Phase.

Während bei der Wachstumstemperatur von 450 °C alle Strukturen, wie in der Literatur beschrieben, bevorzugt in die <111>B-Richtung wachsen (b), zeigt die Mehrzahl der bei 420 °C gewachsenen Strukturen, nach Wachstumsbeginn in <111>-Richtung, abrupte Änderungen in unterschiedlichste Wachstumsrichtungen (a). Ursache für dieses, in Kapitel 2 beschriebene, Abknicken der Drähte sind Kristallfehler wie Zwillingsgrenzen, die vermehrt auftreten, wenn die Wachstumstemperatur reduziert wird, bzw. zu gering ist.

Abb. 3.2: GaAs-Nanodrähte auf <111>GaAs Substrat gewachsen bei 420 °C (a) und 450 °C (b).

Bei Temperaturen unterhalb von 400 °C ist kein orientiertes Wachstum zu beobachten. Für ein gerichtetes Wachstum in <111>-Richtung ohne vereinzeltes Abknicken ist also eine Temperatur oberhalb von 400 °C notwendig. Wie man aber anhand der Abbildung 3.2 erkennt, erzeugen Temperaturen in diesen Bereichen bereits deutlich überlagertes konventionelles Schichtwachstum, dass aufgrund der bereits hohen thermischen Zerlegung von TEGa verursacht wird (vgl. Abb. 3.1). Im Falle der bei 450 °C gewachsenen Strukturen führt dieses zu ausgeprägten kegelförmigen Strukturen, was ebenfalls die Wachstumsrate in axialer Richtung deutlich reduziert. Darüber hinaus kommt es bereits zu einer Ausbildung von flachen Insel-Strukturen, sogenannte Hillocks (Inseln), auf den nanodrahtfreien Flächen. In Temperaturbereichen, wo konventionelle Schichtepitaxie durch thermische Zerlegung beginnt, entstehen diese Rauhigkeiten, da einzelne Prozessschritte noch nicht vollständig ablaufen können und somit nur begrenztes Oberflächenwachstum stattfindet [159].
Die Absenkung der Wachstumstemperatur auf 420 °C hat zwar eine starke Reduzierung des Taperings zur Folge, dennoch ist die Zunahme des Nanodrahtdurchmessers zum Substrat hin deutlich erkennbar (siehe Abbildung 3.2 (a)). Um überlagertes Schichtwachstum vollständig zu unterdrücken sind, unter der Verwendung von TEGa als Gruppe III-Element, Wachstumstemperaturen deutlich unterhalb von 400 °C notwendig, was ebenfalls an Abbildung 3.1 ersichtlich wird. Da diese relativ niedrigen Temperaturen die Ausbildung von Kristalldefekten begünstigen und somit ein gerichtetes Wachstum verhindern, ist es nicht möglich mittels TEGa als Gruppe III-Element ungetaperte Strukturen, die zugleich „kinkfrei" sind, herzustellen. Aufgrund dieser Eigenschaften ist die Verwendung von TEGa zum Wachstum von GaAs Nanodrähten ungeeignet.
Bei der Verwendung von TMGa hingegen konnten, aufgrund der geringeren thermischen Zerlegungseffizienz im Vergleich zu TEGa, (s. Abbildung 3.1) höhere Temperaturen im Bereich von 400 °C – 530 °C eingestellt werden. Je nach verwendetem Trägergas ist zur Zerlegung der TMGa-Verbindung eine um 200 °C höhere Temperatur notwendig. Daraus folgt für das Wachstum von GaAs Nanodrähten, dass die Überlagerung mit konventionellem Schichtwachstum mit steigender Wachstumstemperatur länger unterdrückt werden kann, wenn TMGa anstelle von TEGa verwendet wird.
GaAs Nanodrähte, die unter Verwendung von TMGa gewachsen wurden, bestätigten die zuvor beschriebene Theorie. Wie die Abbildungen 3.3 (a)–(g) zeigen, konnten GaAs Nanodrähte über einen weiten Temperaturbereich von 400 °C bis 530 °C auf (111)B GaAs gewachsen werden. Alle Strukturen wachsen senkrecht auf der Substratoberfläche, also in die <111>B-Richtung. Vergleicht man die Ergebnisse mit den zuvor unter TEGa gewachsenen Strukturen, ist erkennbar, dass der Taperingeffekt deutlich zu höheren Temperaturen verschoben einsetzt.

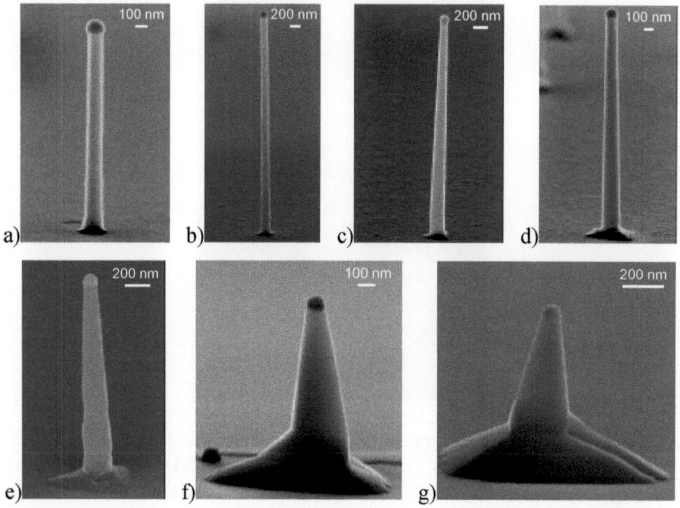

Abb. 3.3: REM-Aufnahmen bei verschiedenen Temperaturen gewachsener GaAs-Nanodrähte, und sonst gleichen Wachstumsbedingungen: (a) 400 °C, (b) 420 °C, (c) 450 °C, (d) 470 °C, (e) 500 °C, (f) 510 °C und (g) 530 °C. (a) + (b) wurden zunächst kurz bei 450 °C angewachsen, um den Wachstumsstart zu verbessern.

Unter Verwendung von TMGa ist eine Überlagerung mit Schichtwachstum erst ab Temperaturen oberhalb von etwa 450 °C gut erkennbar. Unterhalb dieser Temperaturen nimmt der Einfluss des Taperingeffektes weiter ab, und ist bei Temperaturen um 400 °C nur noch schwierig oder gar nicht mehr messbar. Starke Aufweitungen zum Substrat hin sind erst oberhalb von 500 °C wahrnehmbar. Weiter ist auffällig, dass neben dem bereits beschriebenen Tapering auf weiten Bereichen der Nanodrahtlänge, eine zweite Form des überlagerten Wachstums am Fuß der Struktur auftaucht (Abb. 3.3 (f) und (g)), die je nach Wachstumstemperatur mehr oder weniger stark ausgeprägt ist. Diese markante Form entsteht dadurch, dass sich Adatome während des überlagerten Schichtwachstums bevorzugt an dem Übergang zwischen Substrat und Nanodraht einbauen, da dort mehrere Seitenflächen existieren und somit der Haftkoeffizient größer ist als beispielsweise an den Seitenflächen der Nanodrähte. Als Folge ist die Wachstumsrate des überlagerten Schichtwachstums in dieser Verbindungsstelle zum Substrat größer als auf anderen Oberflächen.

Weiter wird anhand der Abbildung 3.3 ersichtlich, dass über den gesamten Temperaturbereich keine der Strukturen im Laufe des Wachstums ihre Orientierung ändert, also keinerlei Abknicken auftritt. Allerdings müssen dazu gerade bei tieferen Temperaturen, im Bereich von etwa 400 °C bis 420 °C, relativ reine Reaktorbedingungen vorliegen. So ist beispielsweise bekannt, dass einige Materialien, wie z. B. Indium, aus vorherigen Nanodrahtepitaxien in folgende Wachstumsversuche verschleppt werden und somit diesen Versuch negativ beeinflussen können [177, 178]. Auch ist gerade für diese niedrigen Temperaturen die Nukleation bzw. der Wachstumsstart entscheidend für <111>B-orientiertes Wachstum. Probleme beim Wachstumsstart können daher auch umgangen werden, indem man zum Wachstumsstart zunächst ein Nanodrahtsockel bei höheren Temperaturen wächst und somit die Wahrscheinlichkeit des Wachstums in die <111>B-Richtung erhöht. Anschließend wird die Temperatur reduziert, um ab diesem Punkt die Überlagerung von Schichtwachstum zu unterdrücken.

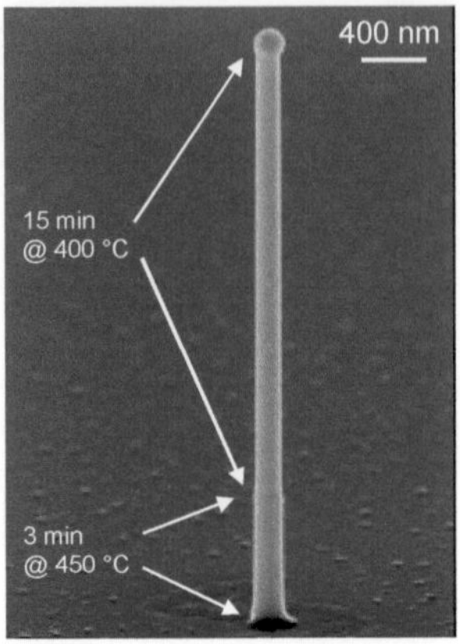

Abb. 3.4: Die REM-Aufnahme zeigt einen GaAs Nanodraht der zunächst bei 450 °C angewachsen wurde, um die Nukleation, bzw. den Wachstumsstart zu verbessern. Die anschließende Temperaturänderung auf 400 °C zeigt eine deutliche Durchmesserverjüngung.

Abbildung 3.4 zeigt einen GaAs Nanodraht, der gezielt mit dieser Temperaturkombination gewachsen wurde. Der Sockel wurde für 3 min bei 450 °C hergestellt, anschließend wurden die Strukturen bei 400 °C für 15 min weitergewachsen. Anhand der äußeren Nanodrahtform kann der Sockel in dieser REM-Aufnahme exakt identifiziert werden. Ein entsprechender Temperaturschritt ist auch beim Wachstum der Nanodrähte in Abbildung 3.3 (a) und (b) vorgenommen worden. Es bleibt also festzuhalten, dass GaAs Nanodrähte, unter Verwendung von TMGa als Gruppe III-Quellenmaterial, unter geeigneten Randbedingungen ohne ein überlagertes Schichtwachstum und Abknicken während des Wachstums hergestellt werden können. Der Einsatz von TMGa als Quellenmaterial besitzt gegenüber TEGa somit einen entscheidenden Vorteil und wurde daher im weiteren Verlauf dieser Arbeit konsequent zum Wachstum für GaAs Strukturen eingesetzt.

Das Maximum der Wachstumsrate konnte für GaAs Nanodrähte bei einer Temperatur um 460 °C erreicht werden. Dieser Maximalwert hängt dabei aber vom Partikeldurchmesser, dem eingestellten V/III-Verhältnis und der Nanodrahtdichte ab (vgl. Kap. 2.1, Seite 18). Um genauere Aussagen über die Wachstumsrate in Abhängigkeit von der Wachstumstemperatur und dem Nanodrahtdurchmesser treffen zu können, sind Nanodrähte mit Durchmessern von 30 nm, 50 nm, 100 nm und 150 nm gewachsen und charakterisiert worden, die in einem Temperaturbereich zwischen 400 °C und 520 °C für 10 min gewachsen wurden. Abbildung 3.5 zeigt den daraus resultierenden Verlauf, der sich bei einem relativ niedrigen V/III-Verhältnis von 2,5 ergibt. Es ist zu erkennen, dass bei dem hier gewählten V/III-Verhältnis zunächst Nanodrähte aus größeren Partikeln schneller wachsen, ehe sich dieses Verhalten oberhalb von 470 °C umkehrt. Unterhalb von 470 °C fand das Wachstum somit im Bereich der niedrigen Gasphasenübersättigung statt, in dem die Wachstumsrate proportional zum Drahtdurchmesser ansteigt. Erst mit zunehmender Quellenzerlegung (> 470 °C) erreicht man bei den hier eingestellten Wachstumsbedingungen den für die MOVPE typischen Bereich der hohen Gasphasenübersättigung, so dass nun die dünneren Drähte schneller wachsen (vgl. Kap. 2.1, Seite 18). Bei 470 °C und dem hier eingestellten V/III Verhältnis von 2,5 befindet man sich also genau im Grenzbereich des Übersättigungszustandes. Um dieses Verhalten bei anderen Temperaturen zu erreichen muss man demnach das V/III-Verhältnis nachfahren. Mit steigenden Temperaturen > 470 °C muss das V/III Verhältnis weiter reduziert werden, für niedrigere Temperaturen < 470 °C wären höhere V/III-Verhältnisse notwendig.

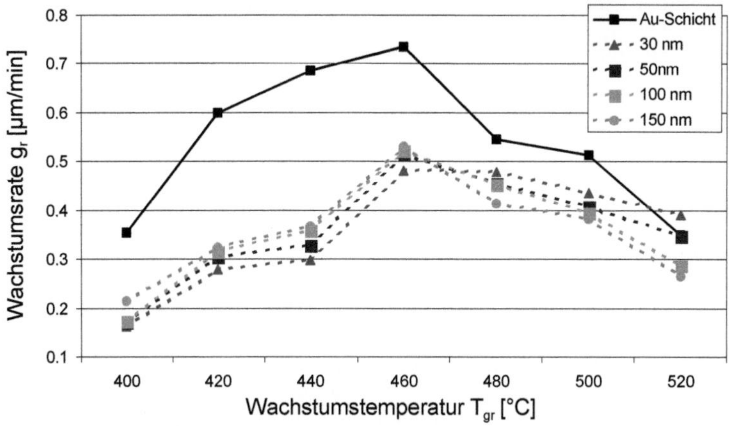

Abb. 3.5: Darstellung der Wachstumsrate in Abhängigkeit von der Wachstumstemperatur für Partikeldurchmesser von 30 nm, 50 nm, 100 nm und 150 nm, sowie aus einer nominell 2,5 nm dicken, aufgedampften Goldschicht gewachsen wurden.

Allerdings ist hierbei auch immer die Belegungsdichte zu beachten, die ebenfalls die Wachstumsrate deutlich beeinflusst. Der allgemeine Verlauf deckt sich mit vielen bereits veröffentlichten Ergebnissen. Der Anstieg der Wachstumsrate mit Erhöhung der Temperatur hängt mit der zunehmenden Zerlegung von Quellenmaterial zusammen. Wird die Wachstumstemperatur weiter erhöht, kommt es zu einer vermehrten Überlagerung mit konventionellem Schichtwachstum auf den Seitenfacetten und der freien Substratoberfläche, so dass die VLS-Wachstumsrate abnimmt. Die ermittelten Wachstumsraten wurden aus einer Vielzahl von Nanodrähten gemittelt, die mittels REM charakterisiert wurden. Durchaus vorhandene Abweichungen und Streuungen in den Nanodrahtlängen sind dabei auf Variation der Nanodrahtdichte auf der Probenoberfläche zurückzuführen. Die verwendeten Au-Partikel aus der flüssigen Phase [145] weisen nur geringe Standardabweichungen im unteren Prozentbereich auf, und können somit keine Erklärung für auftretende Längenunterschiede von bis zu einigen 100 nm sein. Um die Unterschiede in den Wachstumsraten unterschiedlicher Partikelgrößen möglichst genau zu bestimmen, wurden die Substrate stets mit allen vier Partikelgrößen belegt. Unterschiede, die sich in Abhängigkeit von der Probenoberfläche ergeben, wirken sich somit auf alle Nanodrahtdurchmesser aus, so dass zumindest das Verhältnis zwischen den Wachstumsraten in dieser Versuchsreihe äußerst genau bestimmt wurde.

Zum Vergleich wurde die Wachstumsrate von Nanodrähten, die mittels einer 2,5 nm dicken, zuvor aufgedampften Goldschicht gewachsen wurden, ebenfalls in die Grafik 3.5 aufgenommen. Obwohl durch das Ausheizen der Goldschicht Partikel unterschiedlicher Größe entstehen, war die Wachstumsrate aufgrund der hohen Partikeldichte nahezu unabhängig vom Durchmesser (vgl. Kap. 2.1, Seite 18). Wie klein die Variationen der Wachstumsrate für hohe Partikeldichten sein können, zeigt Abbildung 3.6 (a). Zwar scheinen Drähte mit größeren Partikeln ein wenig länger zu sein, da die Abweichungen aber durchweg sehr gering sind, handelt es sich bei dem in Abbildung 3.5 eingezeichneten Verlauf um eine gemittelte Wachstumsrate.

Der Verlauf der Wachstumsrate selbst ist typisch und mit Ergebnissen der Literatur vergleichbar (vgl. Kap. 2.1, Seite 15). Auffällig ist aber die teilweise deutlich höhere Wachstumsrate bei diesen Nanodrähten, die nahezu über dem gesamten Temperaturbereich oberhalb der restlichen Strukturen liegt, die mit Partikeln aus einer kolloidalen Lösung gewachsen wurden.

Im ersten Moment würde man erwarten, dass die Wachstumsrate mit steigender Partikeldichte sinkt, da sich eine gegebene Menge an Quellenmaterial sich nun auf mehrere Senken aufteilt. Allerdings ist es aber auch so, dass die katalytische Wirkung der Goldpartikel dafür sorgt, dass TMGa in ein relativ stabiles Zwischenprodukt zerfällt, was zu einem erhöhten Dampfdruck in der Partikelumgebung führt. Dieses Zwischenprodukt kann wiederum über das Goldpartikel direkt in den Nanodraht eingebaut werden, ein Großteil wird aber wieder desorbieren. Mit wachsender Nanodrahtdichte steigt dementsprechend die Wahrscheinlichkeit, dass diese Zerfallsprodukte, die unter normalen Umständen mit dem Trägergas abtransportiert werden, von benachbarten Drähten eingesammelt werden und somit zu erhöhten Wachstumsraten führen [60].
Die GaAs Nanodrähte in Abbildung 3.6 (a) wurden bei 400 °C in hoher Dichte gewachsen. Dieses konnte dadurch erreicht werden, indem zuvor eine 2,5 nm dicke Goldschicht aufgedampft wurde, was durch einen anschließenden Ausheizschritt zu Goldkeimen in sehr hoher Dichte auf der Probenoberfläche führt. Dabei entstehen zwar Nanodrähte unterschiedlicher Dicke, allerdings kann man anhand der REM-Aufnahme sehen, dass die Wachstumsrate nahezu unabhängig vom Durchmesser ist, bzw. leicht mit der Partikelgröße zunimmt. Dieses Resultat belegt das in Kapitel 2.1 beschriebene Modell. Weil die Nanodrähte extrem dicht angeordnet sind, werden die Quellenelemente direkt an den Nanodrahtspitzen eingesammelt, so dass der Wachstumsbeitrag über die Diffusion entlang der Seitenfacetten zu vernachlässigen ist. Bezogen auf die Gleichung 2.5 (Seite 17) bedeutet dies, dass die Abhängigkeit von r hauptsächlich durch den Gibbs-Thomson Effekt bestimmt wird. Da in diesem Fall die Gasphasenübersättigung noch relativ hoch ist, ist der Einfluss des Gibbs-Thomson Effektes auf die Wachstumsrate sehr gering.

a) b)

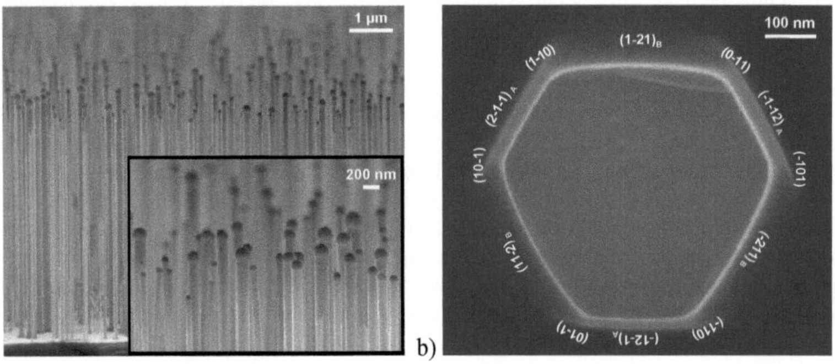

Abb. 3.6: Die REM-Aufnahmen zeigen GaAs Nanodrähte die bei 400 °C unter der Verwendung von TMGa gewachsen wurden. Die Wachstumsrate ist aufgrund hoher Partikeldichte, die mit Hilfe einer zuvor aufgedampften dünnen Goldschicht erzielt wurden, nicht mehr vom Durchmesser abhängig (a). Die Draufsicht zeigt den Querschnitt eines GaAs Drahtes, auf dem zusätzlich die Orientierungen der verschiedenen Facetten angegeben sind.

Die REM-Aufnahme in 3.6 (b) zeigt den Querschnitt einer GaAs Nanodrahtstruktur. Diese Betrachtung aus der Senkrechten ermöglicht eine genaue Bestimmung der unterschiedlichen Seitenfacetten des Nanodrahtes, die sich während des Wachstums ausbilden. Die Form weist zwar eine gewisse Symmetrie auf, zeigt aber, dass einige Facetten deutlicher ausgeprägt sind als andere. Der Nanodraht zeigt ausgeprägte (112)-Facetten, wobei die Besonderheit auffällt, dass die $(112)_B$-Flächen größer als die $(112)_A$-Flächen sind. Diese sind von kleinen (110)-Facetten umgeben, die aber nur schwierig in der REM-Aufnahme auszumachen sind.

Die markante dreizählige Symmetrie entsteht aufgrund der anisotropen Oberflächenspannung des Substrates, die sich auf den flüssigen Wachstumstropfen überträgt und wurde bereits anhand von Indium Tropfen auf (111)-orientiertem InP untersucht [179]. Ein anschließendes Umwachsen der Nanodrähte kann die hier beschriebene Facettenbildung genau so beeinflussen, wie ein überlagertes Schichtwachstum während des eigentlichen VLS-Prozesses.
Ein weiterer Vorteil, der unmittelbar mit der hohen Partikeldichte zusammenhängt, ist die Unterdrückung des überlagerten Schichtwachstums zu höheren Wachstumstemperaturen. Beim VLS Wachstum von GaAs Nanodrähten ist die Aufnahme von Ga in den Au-Quellpunkt die begrenzende Größe [58]. Steht bei einer gegebenen Temperatur mehr Gallium zu Verfügung als aufgenommen werden kann begünstigt dies das Mantelwachstum. Je dichter also die Au-Quellpunkte, desto mehr Gallium wird zum VLS Wachstum benötigt, so dass weniger für additves Schichtwachstum zur Verfügung steht. Außerdem wird, wie bereits beschrieben, durch eine hohe Nanodrahtanordnung gewährleistet, dass kaum noch Quellenmaterial in die Nanodrahtzwischenräume und somit zu den Nanodrahtfacetten gelangt, was zusätzlich Wachstum auf den Seitenflächen der Nanodrähte reduziert. Durch diese Eigenschaft kann der Taperingeffekt bei dem Wachstum von GaAs Nanodrähten zu hohen Temperaturen länger unterdrückt werden. Abbildung 3.7 (a) zeigt Nanodrähte die ebenfalls aus einer zuvor aufgedampften Goldschicht in hoher Dichte gewachsen wurden. Die eingestellte Wachstumstemperatur von 480 °C liegt dabei um 80 °C oberhalb der in Abbildung 3.6 (a) gezeigten Strukturen. Obwohl die Temperatur deutlich erhöht wurde, ist mit bloßem Auge kein signifikantes Tapering erkennbar. Setzt man vertikale und laterale Wachstumsrate (gr_{VLS}/gr_{lat}) ins Verhältnis, erhält man für diese Strukturen Werte um den Faktor 1000.
Zum Vergleich sind GaAs Strukturen in Abbildung 3.7 (b) dargestellt, die bei gleicher Temperatur, aber mit Hilfe von 150 nm großen Goldpartikeln aus einer kolloidalen Lösung gewachsen wurden. Die Dichte der gewachsenen Strukturen ist dabei deutlich geringer, wodurch es wiederum zu deutlich erkennbarem Tapering kommt. Das Verhältnis gr_{VLS}/gr_{lat} ist dabei auf etwa 25 abgesunken.

a) 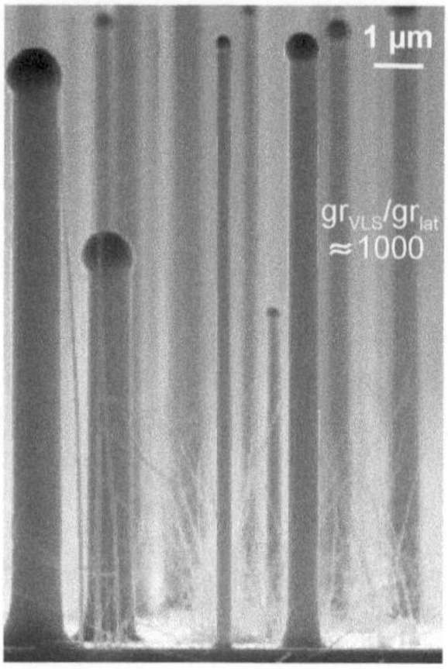

b) 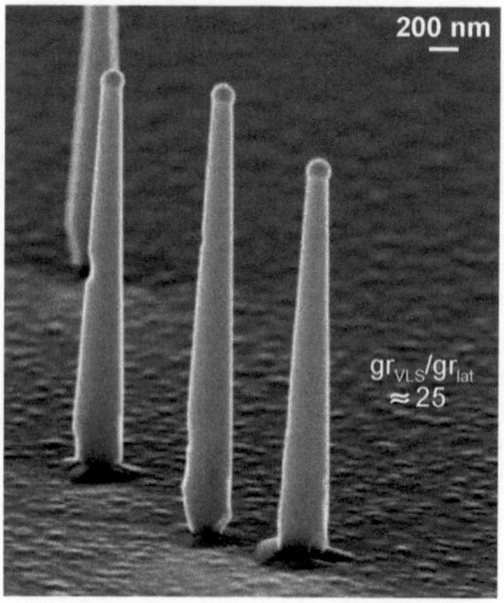

Abb. 3.7: REM-Aufnahme von GaAs Nanodrähte, die bei 480 °C gewachsen wurden. Strukturen die mit Hilfe einer zuvor aufgedampften dünnen Goldschicht gewachsen wurden zeigen kein erkennbares Tapering (a). Deutlich überlagertes Schichtwachstum aufgrund geringer Partikeldichte aus einer kolloidalen Lösung (b).

Die kristalline Struktur von GaAs wurde mit Hilfe der Transmissions-Elektronen-Mikroskopie (TEM) untersucht [180]. Entsprechende Abbildungen in atomarer Auflösung sind in Abbildung 3.8 (a) und (b) gegeben. Neben den Goldpartikeln ist die defektfreie Kristallstruktur deutlich zu erkennen. Aus Abbildung 3.8 (b) konnte $fcc_{(111)}$ GaAs mit einem Ebenenabstand von 0,3425 nm +/- 2,5 % bestimmt werden. Charakteristische Zwillingsversetzungen, in der für GaAs typischen Zinkblende-Struktur, waren zumindest in den hier gezeigten Bereichen nicht vorhanden. Stöchiometrisches GaAs konnte darüber hinaus auch mittels EDS Untersuchungen nachgewiesen werden. Des Weiteren konnte innerhalb der, für EDS typischen, Auflösungsgrenzen ein Goldeinbau in den Nanodraht während des Wachstums ausgeschlossen werden.

a) 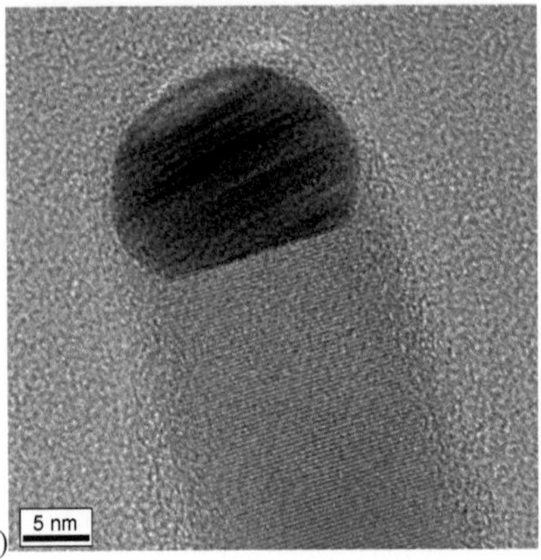

b) 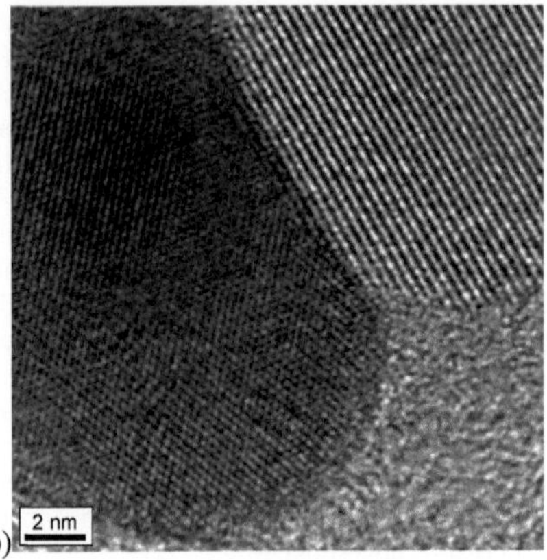

Abb. 3.8: Hochaufgelöste TEM-Aufnahmen von GaAs Nanodrähten. Oberer Bereich eines Nanodrahtes inklusive Goldpartikel (a). Vergrößerung des Au-GaAs Überganges, bzw. des Nanodrahthalses (b) [180].

GaAs/GaAs Kern Mantel Strukturen

In den bisherigen Ergebnissen wurde eine Überlagerung mit der konventionellen Epitaxie, die zu einer Umhüllung des eigentlichen Nanodrahtkerns führt, als störender und unerwünschter Nebeneffekt dargestellt. Im Gegensatz zum Nanodrahtwachstum ist die konventionelle Schichtepitaxie aber schon seit längerer Zeit etabliert und es existieren, speziell was die Dotierung betrifft, verlässliche Daten über verschiedenste Halbleitermaterialien. Eine Kombination beider Mechanismen ist also gerade im Hinblick auf die Dotierungsschwierigkeiten während VLS-Wachstums äußerst attraktiv. Außerdem bietet sich die Möglichkeit weitere bekannte Parameter und Entwicklungen aus der Schichtepitaxie in Kombination mit dem Nanodrahtwachstum zu nutzen. Um die mögliche Kombination von VLS-Wachstum mit der konventionellen Schichtepitaxie zu untersuchen wurden GaAs Nanodrähte gewachsen, bei denen bewusst beide Wachstumsmodi aufeinander folgend angewendet wurden. Bei dem gesamten Prozess, dessen Prinzip in Abbildung 3.9 dargestellt ist, wird ausschließlich Trimethylgallium (TMGa) und Tertiärbutylarsin (TBAs) als Gruppe-III bzw. Gruppe-V Element verwendet. Im ersten Schritt werden dazu GaAs Nanodrähte auf (111)B GaAs im VLS Modus gewachsen (1). Dabei wird die Wachstumstemperatur so eingestellt, das möglichst kein additives Schichtwachstum stattfindet.

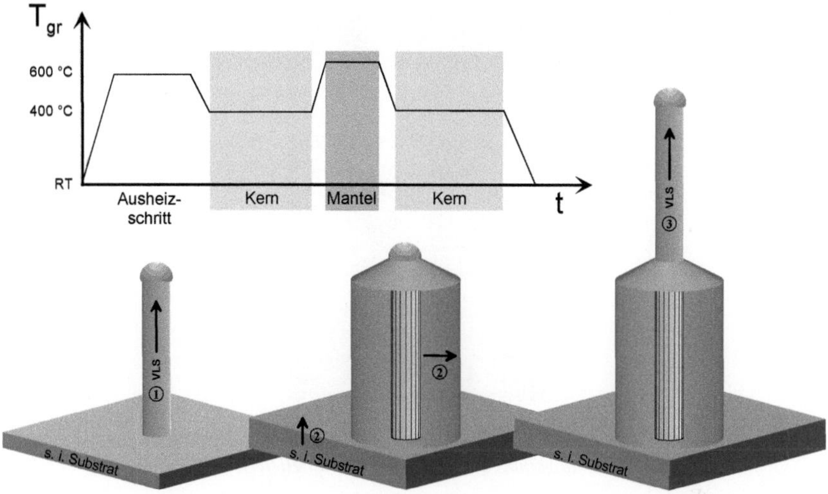

Abb. 3.9: Prinzip zur Erzeugung einer Kern-Mantel-Struktur durch die Kombination von VLS-Wachstum und konventioneller Epitaxie. Schematischer Temperaturverlauf sowie die dabei zu erwartende Nanodrahtstruktur.

Während einer Wachstumspause wird unter TBAs Gegendruck die Reaktortemperatur erhöht, um in einem zweiten Schritt den zuvor gewachsenen „VLS-Draht" mittels konventioneller Schichtepitaxie zu umhüllen (2). Allerdings muss hierbei die Gitteranpassung wieder berücksichtigt werden, da es sich um flächiges Wachstum handelt. Die maximale Dicke der Ummantelung eines Drahtes ist daher in Abhängigkeit von der Materialkombination begrenzt. Zusätzlich ist neben Wachstum auf den Nanodrahtseitenflächen auch mit Wachstum auf der nanodrahtfreien Substratoberfläche zu rechnen. Die hierbei vorliegende VLS-Wachstumsunterbrechung lässt sich dadurch erklären, dass sich bei der eingestellten Temperatur für das Schichtwachstum beliebig viel Gallium in Gold lösen lässt (s. Abb. 2.3). Damit entfällt die Kondensation und somit das VLS-Wachstum. Während einer weiteren Wachstumspause und Temperaturabsenkung unter TBAs Gegendruck wird im letzten Schritt, erneut unter VLS Bedingungen, der eigentliche Nanodrahtkern aus der zuvor ummantelten Struktur herausgewachsen (3).

Wie die Abbildung 3.10 zeigt, ist die Herstellung von Kern-Mantel-Strukturen in Nanodrähten möglich. Bei den gezeigten Strukturen wurde zunächst der GaAs Nanodrahtkern bei 420 °C für 20 min gewachsen. Anschließend wurde dieser bei 600 °C für 4 min mittels konventioneller Schichtepitaxie umhüllt. Während dieser Umhüllung wurde, simultan zum TMGa Fluss, die Dotierstoffquelle DitBuSi (Ditertiärbutylsilan) geöffnet, um ggf. mittels Si eine n-Dotierung innerhalb der Hülle zu erzeugen. Im letzten Schritt wurde für 15 min, bei einer Wachstumstemperatur von 450 °C, erneut unter VLS Bedingungen, der obere Nanodraht gewachsen, während hierbei gleichzeitig CBr4 (Karbontetrabromid) angeboten wurde, um in dem oberen Teil eine p-Dotierung zu erreichen. Zum Wachstum dieser Probe wurden monodisperse Goldnanopartikel mit einem Durchmesser von 100 nm aus der kolloidalen Lösung verwendet. Es ist zu erkennen, dass diese Partikel während des gesamten Prozesses auf der Nanodrahtspitze verbleiben. Mit den gezeigten Ergebnissen konnte die Kombination beider Mechanismen erfolgreich nachgewiesen werden. Sogar der anschließende Wechsel zurück in den VLS-Modus funktioniert einwandfrei.

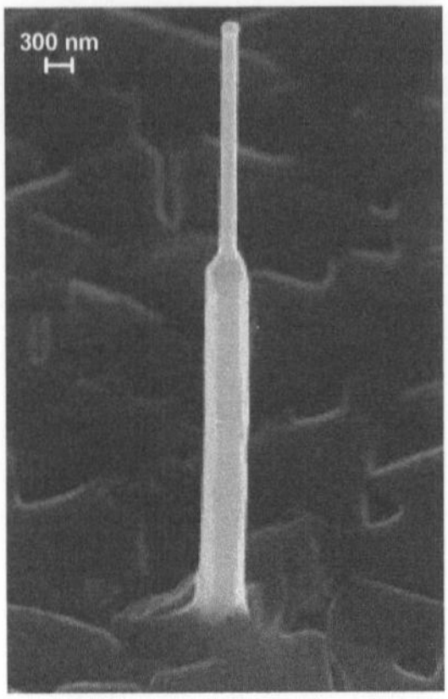

Abb. 3.10: REM-Aufnahme von gewachsenen GaAs Kern-Mantel-Strukturen unter Ausnutzung des VLS Wachstums sowie der konventionellen Schichtepitaxie.

Der Einfluss des zusätzlichen Dotierstoffangebotes auf die elektrischen Eigenschaften dieser Strukturen, wird in Kapitel 4.1 beschrieben und diskutiert.

InAs auf InAs Substrat

Neben den zahlreichen Wachstumsversuchen für das Materialsystem GaAs wurden auch Nanodrähte aus dem Material InAs hergestellt. Im Gegensatz zum GaAs, mit einer Bandlücke von 1,42 eV, besitzt InAs mit 0,35 eV einen wesentlich geringeren Bandabstand und weist darüber hinaus eine ca. sechsmal höhere Elektronenbeweglichkeit auf. Die effektive Zustandsdichte des Leitungs- und Valenzbandes liegt hingegen bei beiden Materialien in gleichen Größenordnungen. Aufgrund des geringen Bandabstandes ist die intrinsische Ladungsträgerkonzentration von InAs um neun Größenordnungen höher, was wiederum zu einem deutlich geringerem elektrischen Widerstandswert führt [181].
Des Weiteren führt das so genannte „Fermilevel-Pinning“ im Leitungsband zu einer Anreicherung von Elektronen an der Oberfläche, was hohe Leitfähigkeiten, selbst bei kleinsten Strukturgrößen, ermöglicht. Somit bietet InAs einige Vorteile, die dieses Material interessant für Anwendungen in elektronischen Bauelementen macht.
Die InAs Substrate wurden, wie beschrieben, vorbehandelt und sind mit verschiedensten Partikelgrößen und auf verschiedenste Art und Weise belegt worden. Dabei erwies sich lediglich das Aufschleudern von Partikeln aus einer kollidalen Lösung als unpraktikabel, da die hydrophobe Oberfläche eine Anhaftung der Partikel verhindert. Daher wurden diese Partikel mittels Pipette auf die Oberfläche aufgeträufelt und ohne den üblich folgenden Schleudervorgang auf einer Heizplatte abgetrocknet. Aufgrund des Verdampfens der Flüssigkeit verbleibt eine hohe Anzahl an Goldpartikeln mit inhomogener Verteilung auf der Probenoberfläche. Als Gruppe III-Quellenmaterial wurde TMIn (Trimethylindium) und als Gruppe V-Quelle TBAs (Tertiärbutylarsin) verwendet. Nach dem Ausheizschritt bei 600 °C unter TBAs Stabilisierung wurde das Wachstum bei Temperaturen zwischen 400 °C - 480 °C untersucht. Anhand zuvor erzielter Ergebnisse mit dem Wachstum von GaAs-Nanodrähten und Informationen zur thermischen Quellzerlegung von TMIn [148] wurde dieses entsprechende Wachstumsfenster gewählt um InAs Nanodrähte zu erzeugen. Dabei wurde das V/III-Verhältnis mit 6,1 konstant gehalten. Abbildung 3.11 zeigt REM-Aufnahmen von Nanodrähten, die bei diesem Prozess entstandenen sind.

Abb. 3.11: REM Aufnahme von InAs Nanodrähten auf (001)p-InAs. Die Strukturen in (a) und (b) wurden bei 400 °C gewachsen, während die Nanodrähte aus (c) und (d) bei 480 °C entstanden sind.

Während die Strukturen aus (a) und (b), die bei 400 °C gewachsen wurden nur leichtes Tapering aufweisen, ist äquivalent zum GaAs mit steigender Wachstumstemperatur die Zunahme des additiven Schichtwachstums an den Seitenwänden deutlich erkennbar. Wachstum bei 480 °C führt daher zu einer deutlichen Aufweitung des Durchmessers hin zum Nanodrahtfuß, wie in Abbildung 3.11 (c) und (d) zu sehen ist. Allgemein fällt unabhängig von der Wachstumstemperatur auf, dass zwei Wachstumsrichtungen vorliegen.Zahlreiche Nanodrähte sind trotz <001> orientierter Oberfläche senkrecht, d.h. in <001>-Richtung gewachsen. Diese Eigenschaft konnte in Abhängigkeit des Probenortes mehr oder weniger häufig beobachtet werden. Laut Literatur ist zwar bekannt, dass Nanodrähte unter gewissen Randbedingungen in <001>-Richtung wachsen können [7, 82], warum jedoch gerade bei diesem Versuch neben dem Wachstum in <111>B-Richtung auch Wachstum in <001>-Richtung stattfand, konnte nicht abschließend geklärt werden. Des Weiteren sind in Abbildung 3.11 (a) und (b) diverse Strukturen erkennbar, die kein gerichtetes Wachstum aufweisen, sondern ungerichtet im oberflächennahen Bereich verbleiben. Dieser Effekt könnte auf einen zu hohen Indiumgehalt innerhalb des Goldpartikels zurückzuführen sein, was wiederum zu amorphen Indiumausscheidungen in einigen Teilbereichen führen könnte. Durch eine Optimierung des V/III-Verhältnisses oder des Indiumangebotes sollten diese Erscheinungen reduziert und sogar ganz unterdrückt werden.

Die maximale Wachstumsrate für InAs Nanodrähte konnte mit ca. 1,3 µm/min bei einer Temperatur um 420 °C erreicht werden. Reduziert man die Wachstumstemperatur auf 400 °C, um den Taperingeffekt stärker zu unterdrücken, sinkt die mittlere Wachstumsgeschwindigkeit auf ungefähr 800 nm/min. Die Erhöhung der Wachstumstemperatur auf 480 °C lässt die Wachstumsrate auf ca. 200 nm/min fallen, da Quellenmaterial aufgrund des additiven Schichtwachstums, welches bei dieser Temperatur für InAs bereits deutlich ausgeprägt ist, bevorzugt an den Seitenfacetten und der nanodrahtfreien Substratoberfläche aufwächst.

a) b)

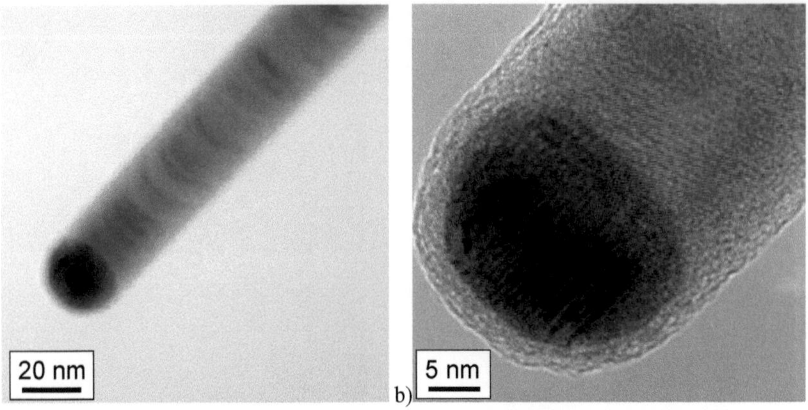

Abb. 3.12: TEM Hellfeld Aufnahmen eines InAs-Nanodrahtes der zuvor auf <001>p-InAs Substrat gewachsen wurde. Übersicht mit zahlreichen Versetzungslinien senkrecht zur Wachstumsrichtung (a) und Nanodrahtspitze in Atomarer Auflösung [182] (b).

Die kristalline Struktur der InAs Nanodrähte wurde mit Hilfe der Transmissions-Elektronen-Mikroskopie (TEM) untersucht [182]. Entsprechende Ergebnisse sind in Abbildung 3.12 (a) und (b) gegeben. Neben den Goldpartikeln ist die Kristallstruktur deutlich zu erkennen, die zumindest in der vergrößerten Darstellung einige Zwillingsgrenzen senkrecht zur Wachstumsrichtung erkennen lässt. Stöchiometrisches InAs konnte darüber hinaus auch mittels EDS Untersuchungen nachgewiesen werden. Des Weiteren konnte, innerhalb der für EDS typischen Auflösungsgrenzen, äquivalent zum GaAs Wachstum, kein Goldeinbau in den Nanodraht beobachtet werden. Abbildung 3.13 zeigt eine weitere hochaufgelöste TEM Aufnahme einer InAs-Nanodrahtspitze.

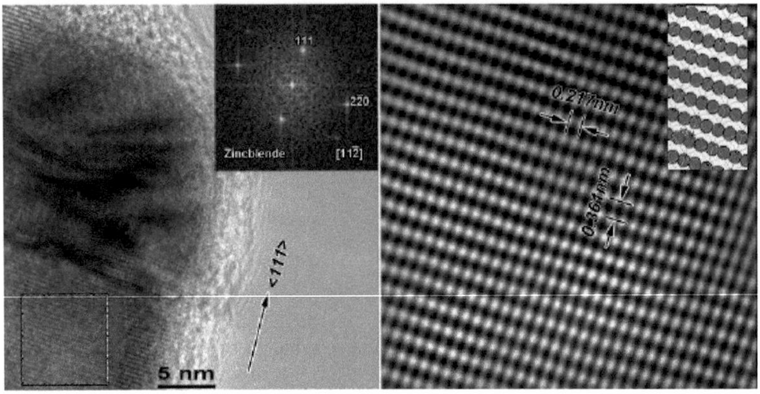

Abb. 3.13: Hochaufgelöste TEM Aufnahmen inklusive einer Fouriertransformierten eines InAs-Nanodrahtes zur Bestimmung der Gitterkonstante, der Wachstumsrichtung und der Kristallstruktur [182].

Mittels detaillierterer Analyse konnte daraus ein Ebenenabstand von 0,361 nm +/- 3 % bestimmt werden, was, im Rahmen der Auflösungsgrenzen, im Bereich der $fcc_{(111)}$ InAs Gitterkonstante (0,3496 nm) liegt. Weiter konnten mittels dieser TEM Untersuchungen eindeutig belegt werden, dass dieser Draht in die <111>B-Richtung gewachsen ist. Außerdem konnte die Blickrichtung auf den Draht mit [1-21] ermittelt werden. Darüber hinaus konnte mit Hilfe einer Foriertransformation des Kristallgitters eine Zinkblendestruktur für den untersuchten Bereich nachgewiesen werden. Charakteristische Stapelfehler, die häufig in <111>B-Richtung gewachsenen Nanodrähten auftauchen, sind zumindest in den hier gezeigten Bereichen nicht erkennbar. Grund für den scheinbar defektfreien Nanodraht ist der Betrachtungswinkel, unter dem dieser Nanodraht untersucht wurde. Wie bereits beschrieben blickt man bei diesem Draht auf die [1-21] Ebene, was dazu führt, dass Stapelfehler in der Zinkblendestruktur nicht sichtbar gemacht werden können. Um dieses zu verdeutlichen, ist in Abbildung 3.14 eine Simulation der Zinkblendestruktur des Drahtes dargestellt, wobei dieser einmal aus der [1-10]-Richtung und zum Vergleich aus der [1-21] Richtung betrachtet wird. Blickt man auf die [1-10] Ebene ist erkennbar, dass die einzelnen Atomlagen sich nach dem Prinzip A-B-C-A-B-C wiederholen, was dazu führt, dass eine Abweichung von der normalen Folge unmittelbar auffallen würde. Der Stapelfehler wäre anhand einer Versetzungslinie deutlich sichtbar. Dreht man den Betrachtungswinkel um 30 °, so dass man auf die [1-21] Ebene blickt, ist die Atomlagenfolge nach dem A-B-C-A-B-C Prinzip nicht mehr erkennbar. Jetzt unterscheiden sich die Atomreihen von Lage zu Lage nicht mehr, was das Auflösen von Stapelfehlern verhindert.
Der experimentelle Nachweis, Stapelfehler durch eine gezielte Rotation eines Drahtes um 30 ° in die jeweiligen Ebenen sichtbar oder unsichtbar zu machen, steht derzeit noch aus und bleibt somit nachfolgenden Arbeiten vorbehalten. Aktuell gibt es zu diesem Thema bereits detaillierte Arbeiten anhand des Materialsystems GaP, welche explizit die Auflösbarkeit von Stapelfehlern in Abhängigkeit des Betrachtungswinkels erklärt [177, 178, 183].
Wie die Ergebnisse zeigen, stellt sich das kontrollierte Wachstum von InAs Nanodrähten grundsätzlich als etwas schwieriger dar. Zum einen ist das Temperaturfenster sehr schmal, darüber hinaus erschwert eine mögliche Legierungsbildung zwischen Indium und Gold eine optimale Nukleationsbedingungen und führt zu ungerichtetem Wachstum im oberflächennahem Bereich.

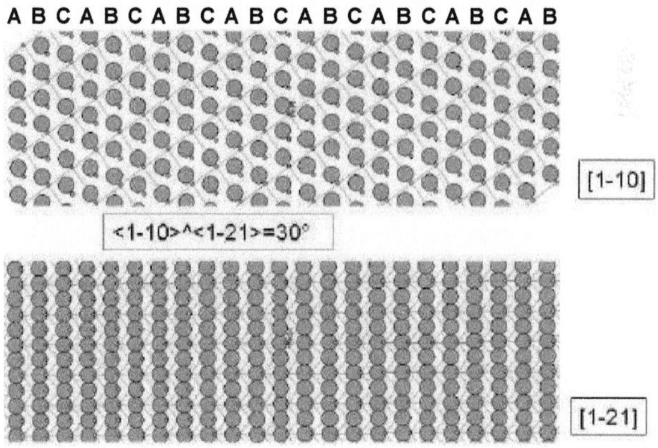

Abb. 3.14: Simulation der Zinkblendestruktur aus zwei verschiedeneren Betrachtungswinkeln. Die [1-10]Ebene zeigt eine A-B-C-A-B-C Stapelfolge. Die [1-21] Ebene lässt nur eine Sorte von Atomlagen erkennen, was dadurch auch Stapelfehler unsichtbar erscheinen lassen würde [182].

Andere Arbeiten, die sich speziell mit dem Wachstum von InAs Nanodrähten befasst haben, zeigen aber, dass es unter bestimmten V/III-Verhältnissen und Indium Partialdrücken möglich ist, die strukturellen Eigenschaften deutlich zu verbessern [63, 184, 185]. Führend auf dem Gebiet sind sicherlich die Arbeiten aus Lund, aus denen darüber hinaus hervor geht, dass bei dem goldunterstützten Wachstum von InAs Nanodrähten kein VLS, sondern ein VSS Prozess stattfindet, also das Goldpartikel in fester Form vorliegt [63, 105, 108, 109].
Während dieser Arbeit wurde das V/III Verhältnis sowie das Indium Angebot bis auf kleine Varianzen weitestgehend konstant gehalten. Der Großteil der InAs Nanodrähte wurde bei 400 °C gewachsen und dazu verwendet in folgenden Schritten Feldeffekttransistoren herzustellen, die außergewöhnlich gute Ergebnisse zeigen. Diese sowie weitere Ergebnisse zur elektrischen Charakterisierung werden in Kapitel 4 gezeigt und diskutiert. Dotierungsversuche während des Wachstums werden im später folgendem Unterpunkt 3.3 vorgestellt.
Ein für das Kristallwachstum sehr wichtiges Ergebnis ist ein Verschleppungseffekt in folgende Versuche, welcher speziell für das Material Indium deutlich ausgeprägt ist. Dieser Effekt wird auch von anderen Gruppen bestätigt und muss bei der Wachstumsplanung berücksichtigt werden [177, 178].

3.1.2 Ternäre Materialien

InGaAs Nanodrähte auf GaAs Substrat

Trotz erfolgreicher Demonstrationen von elementaren und binären Nanodrahtstrukturen mit atomar scharfen Heterogrenzflächen [7], existieren wenig Veröffentlichungen zur Herstellung von ternären Materialien, welche ein „bandgap engeneering“ ermöglichen und somit extrem wichtig für Bauteilanwendungen sind. Wenige Publikationen beschreiben das Wachstum von ternären Nanodrahtstrukturen wie z. B. AlGaAs [65] oder GaAsP [16]. Im Rahmen dieser Arbeit wurde das ternäre InGaAs Materialsystem, welches schon lange innerhalb des Fachgebietes für konventionelles Schichtwachstum zum Einsatz kommt, auf das Nanodrahtwachstum angewendet. Da die Gitterkonstante aufgrund der reduzierten Wachstumsfläche für Drahtdurchmesser < 100 nm nicht weiter beachtet werden muss, kann der gesamte Kompositionsbereich untersucht werden, was eine gezielte Einstellung der Bandlücke auf die in der Kommunikationstechnologie wichtigen Wellenlängen (λ = 1,55 µm und λ = 1,3 µm) ermöglicht.
InGaAs Nanodrähte wurden auf (111)B GaAs Substraten gewachsen, wobei durch das Angebot von Indium und Gallium eine präzise Kontrolle der Zusammensetzung erfolgte. Die Struktur und die Gitterparameter der gewachsenen Strukturen wurden mittels HR-XRD und HR-TEM Hellfeld Abbildungen charakterisiert. Aus diesen Daten konnte die Nanodrahtzusammensetzung ermittelt werden. Darüber hinaus konnte mit Hilfe der XRD-Spektren eine zusätzliche, 2-dimensionale, InGaAs Schicht aufgelöst werden, die auf den nanodrahtfreien Flächen gewachsen ist und deren Entstehung stark von Dichte und Komposition der Nanodrahtstrukturen abhängt. Zusätzlich konnten, anhand von PL Messungen, erste Ergebnisse bezüglich der optischen Eigenschaften der realisierten Nanodrähte gewonnen werden.
Vor dem Wachstum wurden die Substrate mit Goldpartikeln von 10 nm Größe, aus einer kolloidalen Lösung, belegt. In diesen Versuchen wurden speziell kleinere Partikel verwendet, da sich diese in höherer Dosis in der kolloidalen Lösung befinden und somit eine höhere Belegungsdichte auf den Proben ergeben. Eine hohe Belegungsdichte ist in diesem Fall für die spätere Charakterisierung mittels der Röntgendiffraktometrie von entscheidender Bedeutung.

Nach einem Ausheizschritt von 300 s bei 300 °C in N_2 Umgebung, welcher organische Rückstände aus der kolloidalen Lösung beseitigt, werden die Proben wie üblich in den MOVPE Reaktor transferiert. Triethylgallium (TEGa) und Trimethyindium (TMIn) wurden als Gruppe-III Quellen, TBAs als Gruppe-V Quelle verwendet. Obwohl, wie bereits in Kap. 3.1 beschrieben, TMGa für reine GaAs Strukturen deutliche Vorteile aufweist, wurde in diesem Fall TEGa anstelle von TMGa eingesetzt. Der Grund dafür ist die höhere Zerlegungseffizienz von TEGa, die vergleichbar mit der von TMIn ist. Daher wird angenommen, dass sich dadurch verschiedene Zusammensetzungen einfacher einstellen lassen. Alle InGaAs Wachstumsversuche wurden bei einer Temperatur von 420 °C und einem konstanten TBAs Fluss durchgeführt. Das TMIn/(TMIn+TEGa) Verhältnis wurde zwischen 0,425 und 0,038 variiert, was eine Änderung des V/III-Verhältnisses zwischen 5 und 10 verursacht. Die Wachstumszeit betrug je nach Versuch zwischen 5 min und 10 min. Die REM Aufnahme in Abbildung 3.15 zeigt InGaAs Nanodrähte, die bei einem TMIn/(TMIn+TEGa) Verhältnis von 0,074 gewachsen wurden. Zwar sind die Au Partikel an den Nanodrahtspitzen aufgrund der dargestellten Auflösung nicht zu erkennen, jedoch kann senkrechtes Wachstum entlang der <111>B-Richtung beobachtet werden. Allerdings ändern einige Nanodrähte während des Wachstums spontan ihre Wachstumsrichtung, was, wie schon beschrieben, als „wire-kinking" bezeichnet wird. Dieses Abknicken während des VLS Wachstums entsteht durch Instabilitäten an der flüssig/fest Phasengrenze [91]. Frühere Experimente zeigten bereits, dass eine materialspezifische minimale Temperatur notwendig ist um ein Abknicken während des Wachstums zu vermeiden [94].

Abb. 3.15: Die REM Aufnahme zeigt InGaAs Nanodrähten gewachsen bei 420 °C und einem TMIn/(TMIn+TEGa) Verhältnis von 0,038 auf einem GaAs (111)B Substrat. Vereinzeltes Abknicken der Nanodrähte, sowie die relaxierte 2-dimensionale InGaAs Schicht zwischen den Nanodrähten sind zu erkennen.

Bei der hier verwendeten Wachstumstemperatur konnte beobachtet werden, dass die Häufigkeit dieser „wire kinking"-Defekte proportional zum Ga Gehalt der InGaAs Nanodrähte auftaucht. Dieses liegt allerdings nicht am Gallium-Gehalt an sich, sondern an der Verwendung der TEGa Quelle. Um ein Abknicken bei reinen GaAs Nanodrähten, unter der Verwendung von TEGa, zu vermeiden wäre eine minimale Temperatur von etwa 440 °C notwendig (vgl. Kap. 3.1), was wiederum aufgrund der höheren Zerlegungseffizienz zu starkem Tapering führen würde. Außerdem wachsen InAs Nanodrähte bereits bei 400 °C weitestgehend ohne Abnicken. Daraus folgt unmittelbar, dass die Wahrscheinlichkeit des Abknickens mit Zunahme des Galliumgehaltes ansteigt. In Abbildung 3.15 ist darüber hinaus eine Vielzahl von kleinen Hügeln auf den nanodrahtfreien Flächen zu erkennen. Deren Entstehung wird bei geringeren Substrattemperaturen durch eine reduzierte Oberflächenmobilität verursacht. Die Diffusionslänge der Atome wird somit reduziert und führt zu dieser rauen Belegung der Substratoberfläche [186, 187]. Um künftig Verbesserungen im Hinblick des Taperings und des Abknickens zu erreichen wird daher empfohlen TMGa als Quellenmaterial einzusetzen.

Um Informationen über die Zusammensetzung der gewachsenen Nanostrukturen zu erhalten wurden die Proben mittels XRD Messungen charakterisiert. Die Besonderheit hierbei ist, dass dieses Verfahren, welches eigentlich für Messungen an Schichten standardisiert ist, auch bei Nanodrähten zu auswertbaren Röntgenbeugungsspektren führt. Im Rahmen dieser Arbeit wurde diese Methode zur Charakterisierung von Nanodrähten adaptiert. Die Röntgenbeugungsspektren wurden in der Umgebung der symmetrischen <111> Reflektion, im gekoppelten ω/2Θ Modus, aufgenommen. Der Scanbereich zwischen 25 ° und 28 ° wurde mit einer Schrittweite von 0,002 ° abgefahren. Sowohl die Nanodrähte als auch eine 2-dimensionale InGaAs Schicht können mittels der Röntgenbeugung sichtbar gemacht werden. Abbildung 3.16 zeigt die Röntgenbeugungsspektren zweier Proben, mit (a) und ohne (b) gewachsene Nanodrähte. Beide Proben wurden gleichzeitig bei einem TMIn/(TMIn+TEGa) Verhältnis von 0,074 gewachsen, wobei auf der Oberfläche von Probe (b) zuvor keine Goldpartikel deponiert wurden. Dementsprechend sind ausschließlich auf der Probe (a) Nanodrähte mit einer hohen Dichte von 10^9 cm^{-2} gewachsen.

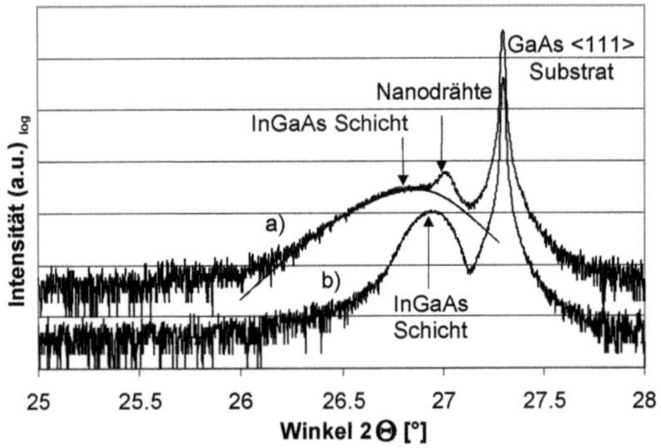

Abb. 3.16: HR-XRD Beugungsspektren zweier Proben, (a) mit und (b) ohne gewachsene Nanodrähten. Beide Proben wurden gleichzeitig bewachsen, wobei nur Probe (a) zuvor mit Goldpartikel belegt wurde. Die durchgezogene Linie in Verlauf (a) verdeutlicht den Einfluss der 2-dimensionalen InGaAs Schicht innerhalb dieser Messung.

Neben dem <111> GaAs Substratpeak bei 27,301 ° zeigt das Spektrum der Probe (b) einen weiteren Peak, welcher folglich von einer dünnen InGaAs Schicht stammen muss. Anhand der Peakposition kann für die InGaAs Schicht eine In Konzentration von 18,8 % ermittelt werden, obwohl während des Wachstumsprozesses nur 7,4 % TMIn in dem gesamten TMIn + TEGa Fluss angeboten wurde. Die höhere Zerlegungseffizienz von TMIn im Vergleich zu TEGa, bei der eingestellten Wachstumstemperatur von 420 °C [186], führt zu einem Überangebot von Indium Atomen und führt somit zu einem vermehrten Indiumeinbau. Dieser In Gehalt verursacht außerdem eine starke Verspannung zum Substratmaterial, was zu einer Relaxation der Kristallstruktur führt, wie es auch beim Stranski-Krastanov Wachstum beschrieben wird [188]. Im Gegensatz dazu sind im Beugungsspektrum der Probe (a) zwei zusätzliche Peaks zum Substratsignal zu sehen, welche den Nanodrähten und einer 2-dimensionalen Schicht zuzuordnen sind. Dabei wird angenommen, das der intensitätsreichere und schmalere Peak zu den gewachsenen Nanodrähten gehört. Zwar ist für ein ausreichendes Signal eine hohe Nanodrahtdichte erforderlich, allerdings ist dieses Ergebnis ein weiteres Indiz dafür, dass die Orientierung während des Wachstums beibehalten wird und auch von Draht zu Draht gegeben ist, so dass es zu Braggreflektionen kommt.

Die ermittelte Indium-Konzentration von 16,4 % innerhalb der Nanodrahtstrukturen ist, verglichen mit der 2-dimensionalen InGaAs Schicht auf Probe (b), etwas niedriger. Das bedeutet, dass der Einbau von Gallium Atomen in die Nanodrahtrstrukturen, welcher von der Oberflächendiffusion hin zu den Wachstumskeimen, dem Einbau an der flüssig-fest Phasengrenze, sowie dem Transport durch oder auf den flüssigen Goldtropfen abhängt, generell wahrscheinlicher ist, als für Indium Atome. Dieses führt wiederum automatisch zu einer verhältnismäßig höheren Indiumkonzentration innerhalb der additiv gewachsenen 2-dimensionalen Schicht, wobei dieser Kompositionsunterschied wiederum stark von der Nanodrahtdichte abhängt. Die bevorzugte Aufnahme von Galliumatomen in den Nanodraht steigt mit der Gold-, bzw. Nanodrahtdichte, was zu indiumreicheren Schichten auf der nanodrahtfreien Oberfläche führt. Im Vergleich zu (b) ist der, zur 2-dimensionalen Schicht gehörende Peak, intensitätsärmer und deutlich breiter. Die hier gewachsene Schicht muss daher dünner sein, was daran liegt, dass die Nanodrähte mit einer relativ hohen Dichte ($\sim 10^9$ cm^{-2}) das meiste Quellenmaterial einsammeln und somit weniger Material für das Schichtwachstum zur Verfügung steht. Eine weitere Erhöhung der Nanodrahtdichte würde die Bildung einer zusätzlichen Schicht weiter verringern. Darüber hinaus ist die Indiumkonzentration der 2-dimensionalen Schicht mit 26 % etwa 10 % höher als die der Nanodrahtstrukturen. Dieses bestätigt die Vermutung über einen bevorzugten Einbau von Ga Atomen in die Nanodrähte. Somit führen geringe Nanodrahtdichten zu einer dickeren additiven InGaAs Schicht, deren Zusammensetzung ähnlich der Nanodrahtzusammensetzung ist. Eine hohe Dichte der Nanodrahtstrukturen führt dagegen zu dünneren Schichten und einem größeren Unterschied in den Zusammensetzungen.
Um den schärferen Peak der aufgenommenen Röntgenbeugungsspektren eindeutig den Nanodrähten zuordnen zu können, wurde eine bereits vermessene Probe, nach dem Entfernen der Nanodrahtstrukturen von der Oberfläche, erneut charakterisiert. Das experimentelle Ergebnis dazu ist in der Abbildung 3.17 gegeben, welches das Verschwinden des Nanodrahtpeaks nach dem Abkratzen der zuvor gewachsenen Nanodrähte zeigt. Es ist lediglich eine kleine Erhöhung an der entsprechenden Stelle zu erkennen, da die Strukturen mit Hilfe eines Skalpells nicht vollständig von der gesamten Oberfläche entfernt werden konnten.

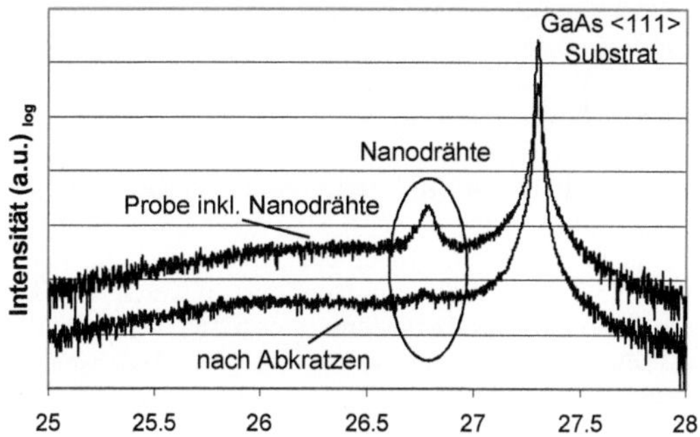

Abb. 3.17: HR-XRD Beugungsspektren einer Probe mit InGaAs Nanodrahtstrukturen, vor und nach dem Entfernen von der Oberfläche.

Um Nanodrähte mit unterschiedlichen InGaAs Zusammensetzungen zu realisieren, wurden Wachstumsversuche bei verschiedenen TMIn/(TMIn+TEGa) Verhältnissen von 0,038, 0,074, 0,137, 0,292 und 0,452 durchgeführt. Abbildung 3.18 zeigt die Beugungsspektren der hergestellten Strukturen.

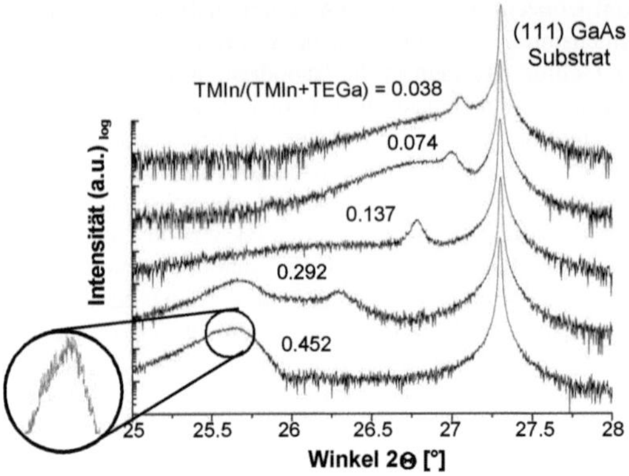

Abb. 3.18: XRD Beugungsspektren von InGaAs Nanodrahtstrukturen, gewachsen bei verschiedenen TMIn/(TMIn+TEGa) Verhältnissen. Der vergrößerte Ausschnitt zeigt Details des XRD Peaks im linearen Maßstab jener Probe, die bei einem TMIn/(TMIn+TEGa) Verhältnis von 0,452 gewachsen wurde.

Die entsprechenden InGaAs Nanodraht- und Schichtpeaks konnten gut aufgelöst werden. In Abhängigkeit des gewählten TMIn/(TMIn+TEGa) Verhältnisses kann ein Schieben des Peaks zwischen 27,301 ° (GaAs) und 25,444 ° (InAs) beobachtet werden. Anhand der gemessenen Nanodrahtpeakpositionen konnten die entsprechenden Indium Gehalte von 14 %, 16,4 %, 27,6 %, 54,3 % und 88,6 % ermittelt werden, wobei der Peakposition mit linearem Zusammenhang die entsprechende Materialzusammensetzung zugeordnet wurde. Da bei dem Wachstum von Nanodrähten aufgrund der begrenzten Wachstumsfläche von einer vollständigen Relaxation ausgegangen wird [4, 96], kann das Verhältnis von relativer Durchmesserabnahme zur relativen Längenzunahme des Kristallgitters (Possionverhältnis) vernachlässigt werden, welches diese vereinfachte Bestimmung ermöglicht. Obwohl eine hohe Nanodrahtdichte das 2-dimensionale Wachstum weitestgehend unterdrückt und damit eine Identifizierung der Nanodrähte im gesamten XRD Spektrum ermöglicht, ist eine genaue Bestimmung des In Gehaltes für indiumreiche Strukturen schwierig. Der Ausschnitt in Abbildung 3.18 zeigt eine vergrößerte Darstellung des XRD Peaks, der bei einem TMIn/(TMIn+TEGa) Verhältnis von 0,452 gewachsenen Probe. Nun ist eine Überlappung von Nanodraht- und 2-dimensionalem Schichtpeak erkennbar, wobei der schmalere Bereich rechts zu den Nanodrahtstrukturen gehört. In diesen Wachstumsexperimenten wurde das TMIn/(TMIn+TEGa) Verhältnis mit Hilfe der Variation des TMIn Flusses geändert, was zu einer deutlichen Erhöhung des gesamten TMIn+TEGa Gasflusses, bzw. der Wachstumsrate, für indiumreiche Strukturen führt. Darüber hinaus könnte das erhöhte Materialangebot dafür verantwortlich sein, dass ein eventueller Überschuss von Indium- und Galliumatomen in die 2-dimensionale Schicht eingebaut wird. Eine Erhöhung des Peaks zeigt ebenso das Ansteigen der Schichtdicke. Eine stärkere Unterdrückung des 2-dimensionsalen Wachstums für indiumreiche Strukturen kann in späteren Versuchen durch eine Reduzierung der Wachstumstemperatur und/oder ein Verringern des gesamten TMIn + TEGa Gasflusses erreicht werden. Analysen der XRD Spektren aus Abbildung 3.18 ergeben die Abhängigkeit der Nanodrahtkomposition als Funktion des TMIn Molenbruchs in dem gesamten Gruppe-III Gasfluss.

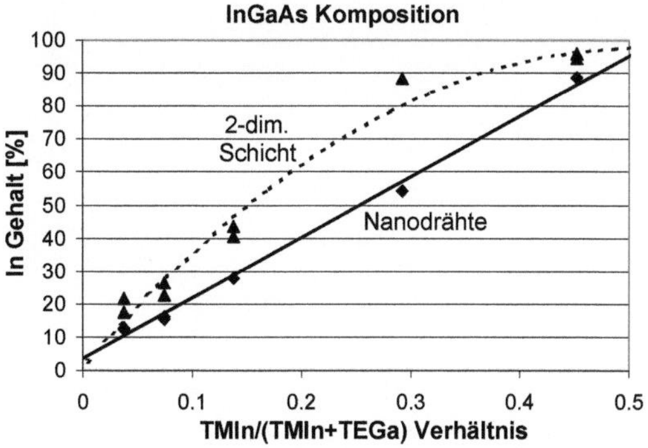

Abb. 3.19: In Gehalt der Nanodrähte und der 2-dimensionalen InGaAs Schicht als Funktion des TMIn Molenbruchs im gesamten Gruppe-III Gasfluss, extrahiert aus den XRD Messungen.

Die, bei den hier gewählten Wachstumsbedingungen, ermittelte Abhängigkeit ist in Abbildung 3.19 gegeben. Die Zusammensetzung der InGaAs Nanodrähte ändert sich nahezu linear mit der TMIn Konzentration, während der Verlauf für die Schichtzusammensetzung polynomisch angenähert werden kann. Dieser spezielle Verlauf ergibt sich wiederum aus dem bevorzugten Ga-Einbau in die Nanodrähte, was zu höheren Indiumgehalten in der additiv gewachsenen Schicht führt. Die theoretischen Endwerte werden durch den jeweiligen angepassten Kurvenverlauf sehr gut wiedergegeben. Wird kein Indium angeboten, also TMIn/(TMIn+TEGa) = 0, können sowohl Nanodrähte als auch additiv gewachsene Schicht aus reinem GaAs bestehen. Dasselbe gilt für den entgegengesetzten Fall. Die Kurven sollten für TMIn/(TMIn+TEGa) -> 1 einen Indiumgehalt in Richtung 100 % aufweisen. Die Tatsache, dass sich beide Verläufe schon bei einem Verhältnis von 0,5 der 100 % - Marke annähern, siehe Abbildung 3.19, kann damit erklärt werden, dass aufgrund der unterschiedlichen Zerlegungseffizienzen von TMIn und TEGa lokal ein bereits deutlich höheres TMIn/(TMIn+TEGa)-Verhältnis vorliegt.

Um die mittels HR-XRD Messungen erzielten Ergebnisse zu überprüfen, wurden direkte Gitterstrukturuntersuchungen anhand von HR-TEM Abbildungen durchgeführt. Hierzu werden die Nanodrähte auf „TEM-Grids“ transferiert. Diese kleinen, kommerziell erhältlichen Präparatträgernetzchen bestehen aus einem amorphen Kohlenstofffilm, der sich auf einem dünnen Kupfergitter befindet. Vor der Deposition auf diese speziellen TEM-Netzchen wurden die Nanodrähte zunächst von der Substratoberfläche gekratzt und in Isopropanol dispergiert, was ein anschließendes Aufträufeln dieser Suspension auf die TEM Netzchen ermöglicht. Zum konkreten Vergleich wurde dazu die Probe verwendet, die bei einem TMIn/(TMIn+TEGa) Verhältnis von 0,137 gewachsen wurde und laut XRD Messung ein Indiumgehalt von 27,6 % besitzt.

Die TEM Hellfeldaufnahme in Abbildung 3.20 (a) zeigt die obere Region einer Nanodrahtspitze. Neben dem halbkugelförmigen Goldpartikel sind außerdem die Kristallebenen senkrecht zur <111>-Richtung erkennbar. Der aus der Hellfeldabbildung in 3.20 (b) ermittelte Gitterebenenabstand d_{111} = (0.3321 ± 0.017) nm ergab eine fcc Gitterkonstante von a = 0,5751 nm +/- 5 %. Unter Verwendung des „Vegardschen Gesetzes“ wurde daraus ein In Gehalt von 24,3 % berechnet, welcher sehr gut mit der zuvor ermittelten Konzentration aus dem XRD Spektrum übereinstimmt. Allerdings muss man bei der Bestimmung der Materialkomposition aus Netzebenenabbildungen beachten, dass eine Ungenauigkeit von +/- 5 % in der Gitterkonstante mehrere 10 % Unterschied in der Zusammensetzung liefern kann.

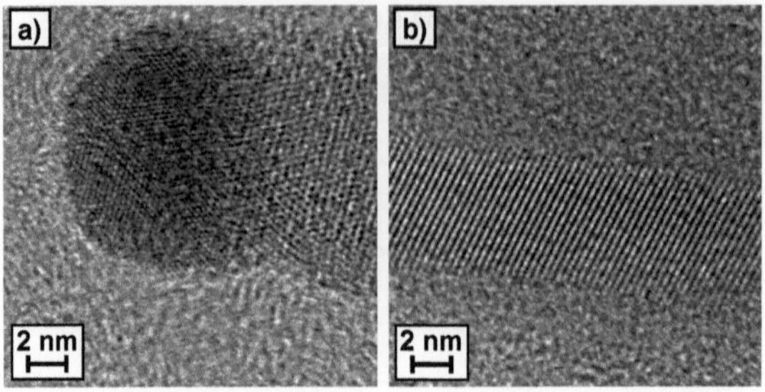

Abb. 3.20: HR-TEM: Abbildung der Nanodrahtspitze (a) und des mittleren Nanodrahtbereiches (b). Der dunkle Bereich in (a) korrespondiert zum Goldpartikel, die aufgelösten Kristallebenen senkrecht zur <111>-Richtung in (b) ermöglichen, durch Auswertung der Gitterparameter, die Bestimmung des In Gehaltes von 27,6 % [180].

Daher ist für eine direkte Kompositionsbestimmung eher die energiedispersieve Röntgendiffraktometrie (EDS) geeignet. Eine repräsentative EDS Punktmessung eines InGaAs Nanodrahtes ergab eine Indiumkonzentration von 28 %, was wiederum sehr gut mit dem zuvor bestimmten Wert aus der XRD Messung übereinstimmt. Eine Liniemessung quer zum Nanodraht ergab dabei ein In-Gehalt von (21,58 +/- 4,27) %. Eine ausführlichere Darstellung dieser EDS Ergebnisse ist in [189] gegeben.
Die vorgestellten Ergebnisse zeigen, dass InGaAs Nanodrähte in jeder Zusammensetzung auf GaAs Substrat gewachsen werden können, solange man unterhalb des kritischen Durchmessers bleibt. Zur Verifizierung der Komposition wurden mit der hochauflösenden Röntgendiffraktometrie, der hochauflösenden Transmissionselektronenmikroskopie und der energiedispersieven Röntgenspektroskopie gleich drei mögliche Verfahren eingesetzt, die bis auf kleine Varianzen zu den gleichen Resultaten geführt haben. Die Reduzierung des Taperings, sowie die Verbesserung der strukturellen Qualität in Abhängigkeit von der jeweiligen Zusammensetzung sollte, genau wie die Fortführung der optischen Untersuchungen (siehe 4.2), im Mittelpunkt der weiterführenden Arbeiten stehen.

3.1.3 Eisenpartikel als Wachstumskeim

Wie auch in dieser Arbeit wird in der Literatur überwiegend Gold als Wachstumskeim verwendet, da es sich bereits seit einigen Jahren für verschiedenste Halbleitermaterialien in einem großen Temperaturbereich für das Nanodrahtwachstum als bester Kandidat etabliert hat. Im Hinblick auf die Implementierung von Nanodrähten in die konventionelle Mikrotechnologie, wie z. B. CMOS, hat Gold allerdings den entscheidenden Nachteil "tiefe" Störstellen in der Bandlücke des Siliziums [46, 47] zu verursachen. Daher sollte für die siliziumbasierte Mikrotechnologie auf eine Verwendung von Gold verzichtet und alternativen Wachstumskeime untersucht werden. Bis heute gibt es wenig Berichte über Wachstumsversuche von Nanodrähten bei denen alternative Wachstumskeime zu Einsatz kommen. Erst mit Beginn des Europäischen „NODE"-Projekts [190] wurden die Arbeiten an alternativen Wachstumskeimen im Bereich der III/V-Nanodrähte vorangetrieben [191].
Das größte Feld der alternativen Ansätze bildet das oxidunterstützte Wachstum, welches vollständig auf metallische Keime verzichtet und in Verbindung mit der Siliziumtechnologie aktuell immer mehr in den Vordergrund gelangt [192].
Neben Experimenten zum Wachstum von Silizium Nanodrähten mittels Titan Partikeln [106], beschreiben nur sehr wenige Veröffentlichungen das Wachstum von „Karbon Nanoröhren", unter der Verwendung von Kobalt [193], Nickel [194] oder dünnen Eisenschichten [195].

In den meisten Fällen bleiben diese Wachstumskeime hierbei auf der Substratoberfläche haften, während die Nanoröhren oder Nanodrähte aus diesen Keimen, bei Temperaturen von ungefähr 800 °C, herauswachsen.
Die Verwendung von verschiedenen Metallen wird dazu beitragen, den Wachstumsmechanismus tiefergehend zu verstehen. Zusätzlich könnten magnetische Materialien eine Spininjektion in halbleitende Nanodrahtstrukturen ermöglichen oder die Polarisation von Nanodrahtlumineszenz durch schalten eines magnetischen Feldes beeinflussen.
Generell sind Alternativen zum Gold wünschenswert, gerade dann, wenn III/V-Nanodrähte in die Silizium Mikroelektronik integriert werden sollen.
Ein Ansatz in dieser Arbeit ist das Wachstum von GaAs Nanodrahtstrukturen auf (111)B GaAs Substrat, wobei alternativ Eisenpartikel als Wachstumskeime verwendet wurden. Neben der generellen Möglichkeit Strukturen unter der Verwendung von Fe-Partikeln zu wachsen, wurden die Zusammensetzung, sowie die lokale Eisenkonzentration der Nanodrahtstrukturen mittels EDS analysiert. Dazu wurde eine Suspension bestehend aus Propanol und vom Substrat abgekratzten Drähten auf kommerzielle TEM-Netzchen aufgeträufelt und getrocknet.
Der zu Grunde liegende Wachstumsmechanismus wird, gerade im Vergleich zum goldunterstützten Wachstum von GaAs Nanodrähten, diskutiert.

Synthese und Deposition der Eisenpartikel

Zur Herstellung von Eisen Nanopartikeln wurde Eisenpentakarbonyl (IPC) in einem Niedrig-Druck-Plasmareaktor thermisch abgeschieden. Zu diesem Zweck wurde IPC verdampft und zuvor mit Argon in einem Mixkessel mittels der „Partial-Druck-Methode“ vermischt [196]. Diese Gasmischung wurde zur Synthese der geladenen Nanopartikel in einen Reaktor geführt. Ein Molekularstrahl Abtastsystem, welches sich hinter der Plasmazone befindet, extrahiert die Nanopartikel aus der reaktiven Zone, deren Größe dann mit Hilfe der Partikel Massen Spektroskopie (PMS) bestimmt und abgeschieden werden. Das Prinzip der DMA (**D**ifferential-**M**obility-**A**nalyzer) basiert auf dem Verhalten von geladenen Partikeln, die sich in einem elektrischen Feld bewegen.
Der mit Partikeln beladene Molekularstrahl ist durch einen Ablenkkondensator gerichtet, der die geladenen Partikel je nach Masse, Geschwindigkeit und Ladung separiert. Ein Teil des gesamten Partikelensembles kann dabei zuverlässig, mit einer geometrischen Standartabweichung von weniger als 10 %, mittels Einstellung der Ablenkspannung auf einen spezifischen Wert erreicht werden [197]. In früheren Arbeiten wurden die Herstellungsbedingungen bezüglich der Partikelgröße sorgfältig untersucht, um eine selbst organisierte Kettenbildung (für Partikeldurchmesser > 16 nm bei einer Temperatur von 300 K) der ferromagnetischen Eisenpartikel zu vermeiden [198]. Daher wurden ausschließlich Partikel mit Durchmessern deutlich unterhalb von 16 nm generiert, wobei mittels einer Ablenkspannung von 20 V ein mittlerer Durchmesser von 10 nm erreicht wurde. Diese größenselektierten Partikel werden auf das (111)B GaAs Substrat abgeschieden. Abschließend werden die Proben in die Epitaxieanlage transferiert, wobei die Proben der normalen Luftumgebung ausgesetzt sind. Eine gewisse Oxidation der Partikeloberfläche ist bei diesem Transfer nicht zu vermeiden, diese wird allerdings in einem folgenden Ausheizschritt innerhalb der MOVPE-Analge mit Hilfe von Wasserstoffradikalen abgeheizt.

Wachstumsergebnisse

Zum Wachstum wurden äquivalent zu den vorherigen Ergebnissen Trimethylgallium (TMGa) als Grupp-III- und Tertiäybutylarsin (TBAs) als Gruppe-V-Quellenmaterial verwendet. Zu Beginn wurde das GaAs Substrat, auf dem sich die abgeschiedenen Eisenpartikel befinden, für 10 Minuten bei 600 °C unter TBAs Überdruck ausgeheizt.

Zusätzlich stellt der TBAs Überdruck eine hohe Anzahl von Wasserstoffradikalen bereit, welche eine reduzierenden Einfluss auf die Eisenpartikel haben. Das anschließende Wachstum wurde bei einem V/III-Verhältnis von 5, zwischen Temperaturen von 480 °C und 520 °C variiert, wobei die Wachstumszeit für alle Versuche auf 15 min festgelegt wurde.
Abbildung 3.21 (a-f) zeigt eine Übersicht von GaAs Nanodrähten, aufgenommen mit dem Rasterelektronenmikroskop, die bei verschiedenen Temperaturen gewachsen wurden. Die Strukturen in (a) wurden bei 480 °C, (b) bei 500 °C und (c) bei 520 °C gewachsen, während (d-f) die entsprechenden Aufsichten zu (a-c) sind. Wie zu erkennen ist, weisen die Strukturen keinerlei bevorzugtes Wachstum entlang der <111> Richtung, also senkrecht zur Substratoberfläche, auf. Diese, für das VLS-Wachstum, typische Eigenschaft konnte im gesamten Temperaturbereich nicht beobachtet werden. Oberhalb einer Wachstumstemperatur von 500 °C ist jedoch eine bevorzugte Orientierung in <100> und <110> Richtung, sowie deren Äquivalenten erkennbar. Daraus ergeben sich sechs bevorzugte Wachstumsrichtungen, welche in den Draufsichten 3.21(e) und 3.21(f) zu erkennen sind und deren Wahrscheinlichkeit mit zunehmender Temperatur zunimmt. Bei einer niedrigeren Wachstumstemperatur von 480 °C können spontane Änderungen in der Nanodrahtorientierung beobachtet werden.
Wird Gold als Wachstumskeim für GaAs Strukturen auf (111)B GaAs verwendet, so können knickfreie Strukturen bereits bei relativ niedrigen Temperaturen von etwa 400 °C hergestellt werden [158], wobei das eingestellte V/III-Verhältnis ebenfalls eine Rolle spielt. In diesen Untersuchungen, bei der Verwendung von Eisenpartikeln, wurde eine Wachstumstemperatur von 520 °C als ausreichend beobachtet, um Kristallfehler, die zum Abknicken führen, weitestgehend zu vermeiden. Weiter kann den REM-Aufnahmen in Abbildung 3.21 entnommen werden, dass zusätzlich zum vertikalen Wachstum ausgeprägtes 2-dimensionales Wachstum stattgefunden hat, welches mit ansteigender Temperatur noch stärker zunimmt.

Abb. 3.21: REM Aufnahmen von GaAs Nanodrähten auf (111)B GaAs Substrat, unter der Verwendung von Eisenpartikeln (d=10 nm) bei verschiedenen Temperaturen: (a) 480 °C, (b) 500 °C, (c) 520 °C. Zugehörige REM Aufsichten um die Wachstumsrichtung zu identifizieren: (d) 480 °C, (e) 500 °C, (f) 520 °C [180].

Dieser 2-dimensionale Wachstumsprozess (siehe Kapitel 2) an den Seitenflächen ist gleichbedeutend mit herkömmlichem epitaktischen Schichtwachstum und ist somit unabhängig vom verwendetem Partikelmaterial. Aufgrund der Konkurrenzsituation beider Wachstumsmechanismen führt ein Ansteigen der 2-dimensionalen Wachstumsrate automatisch zu einer reduzierten Wachstumsrate in vertikaler Richtung.
Hochauflösenden TEM Untersuchungen und entsprechende FFT Analysen der GaAs Nanodrahtstruktur zeigen eine fcc (022) Orientierung mit einem Gitterebenenabstand von d_{022} = 0,204 nm und eine daraus berechnete Gitterkonstante von a = 0,577 nm. Dieser Wert ist zwar etwas höher als der für GaAs zu erwartenden Gitterkonstante von a = 0,565 nm, allerdings liegt diese Abweichung im Rahmen der Auflösungsgenauigkeit dieser Analyse. Ein Winkel von 45 ° zwischen den aufgelösten d_{022} Flächen und der Nanodrahtorientierung ergibt eine Wachstumsrichtung dieser gemessenen Struktur entlang der <001> oder einer äquivalenten Richtung [180]. Die Kristallstruktur des halbkugelförmigen Eisenpartikels an der Nanodrahtspitze ergab einen gemessenen Gitterabstand von 0,295 nm was wiederum einer Gitterkonstante von 0,834 nm entspricht und höchstwahrscheinlich zu der (220) Orientierung von Fe_2O_3 oder Fe_3O_4 gehört. Da die Strukturen nach dem Wachstumsprozess wieder an Luft gelangen, ist eine erneute Oxidierung der Eisenpartikel nicht zu verhindern. Unabhängig davon liegt die Differenz zweier Oxide, bezüglich der Gitterparameter, innerhalb des Fehlerbereiches der HR-TEM Hellfeld Untersuchungen.
Um detailliertere Aussagen treffen zu können, wurden chemische Analysen mittels driftkorrigierter EDS Linienmessungen im STEM Modus durchgeführt. Das entsprechende Ergebnis senkrecht zur Fe/GaAs-Grenzfläche einer einzelnen Nanodrahtstruktur ist in Abbildung 3.22 als Intensitätsverlauf (a) und als Konzentrationsverlauf (b) gegeben.

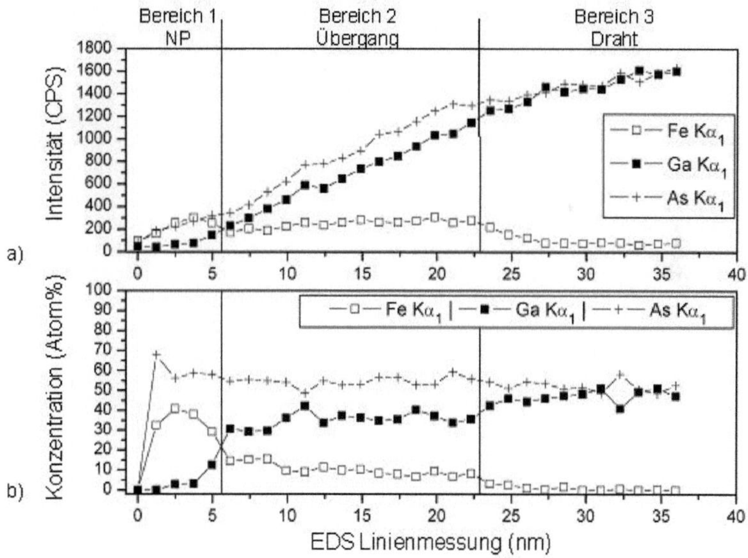

Abb. 3.22: EDS Linienmessung senkrecht zur Fe/GaAs Grenzfläche. Betrachtet man beide Funktionen, das Intensitätsprofil (a) und die quantifizierten Konzentrationen (b) dieser EDS Messung, erkennt man eine Zusammensetzung aus Eisenarsenid innerhalb des Wachstumskeimes (Bereich 1), sowie einen Anteil Eisen im Bereich 2 aufgrund von Interdiffusion [180].

Die relativen atomaren Verhältnisse der interessierenden Elemente wurden nach einer Hintergrundkorrektur mittels einer automatisierten Software quantifiziert [189]. Es ist erstaunlich, dass eine lokale Gradientenverteilung der chemischen Zusammensetzungen in Abhängigkeit der ausgewerteten Nanodrahtposition existiert. Daher wird die Zusammensetzung der Fe/GaAs Grenzfläche im folgenden separat für drei charakteristische Regionen der EDS Linienmessung betrachtet. Die gesamten EDS Messungen zeigen ein hohes Maß an Sauerstoff, welcher aufgrund von natürlicher Oxidation während des Handlings mit den Proben an Luft entsteht. Eine Analyse der Sauerstoffkonzentration die ausschließlich durch die Eisenpartikel hervorgerufen wird ist somit nicht möglich. Daher wird der Sauerstoff für die Auswertung und Diskussion der Elementverteilung nicht weiter beachtet. Die EDS Messung am ersten Teil (Bereich 1) zeigt, dass das Eisenpartikel während des Wachstums auf der Nanodrahtspitze verbleibt. Zusätzlich wurde eine FeAs Phase innerhalb des Wachstumskeimes mit einer mittleren Arsenkonzentration von 54.43 ± 3.85 Atom % gemessen. Einen signifikanten Hinweis auf Ga innerhalb des Eisenpartikels konnte nicht gefunden werden. Folglich ist das Ausscheidungsverhalten von As und Ga aus Eisenpartikeln entgegengesetzt der Ausscheidung von Ga und As aus Au-Partikeln [105, 189], wobei aufgrund der geringen Löslichkeit von As in Au kein As innerhalb des Au-Partikels nach dem Nanodrahtwachstum nachweisbar ist. In Region 2 kann der Rückgang der Eisenkonzentration auf ein konstantes Plateau durch eine Interdiffusion von Eisenatomen aus dem Wachstumskeim heraus in die GaAs Matrix erklärt werden.

In diesem Bereich ist die Ga-Konzentration grundsätzlich geringer als die von Arsen. Das Ga könnte durch Fe ersetzt worden sein, da es eine höhere Bindungsaffinität zu As, verglichen mit Ga, hat. Um die Stöchiometrie zu überprüfen, wurde die Summe aus Gallium- und Eisenkonzentration errechnet, welche dann wiederum mit dem Arsengehalt übereinstimmt. In Bereich 3 ist keine Eisenkonzentration mehr messbar, so dass sich Ga und As zu stöchiometrischen GaAs aufsummieren. Genau wie beim VLS Mechanismus verbleibt das Eisenpartikel während des Wachstums an der Nanodrahtspitze. Jedoch stimmt das VLS Modell nicht vollständig mit den experimentellen Ergebnissen überein. Die Nanodrähte wurden bei Temperaturen gewachsen, die unterhalb der eutektischen Schmelzpunkte für Eisen- und Galliumverbindungen lagen, sogar für sehr hohe Gallium Konzentrationen [199, 200]. Darüber hinaus konnte kein Wachstum in die so oft berichtete <111>-Richtung beobachtet werden. Ganz im Gegenteil, die Strukturen zeigten bevorzugte Orientierung in <100> sowie in <110> und deren äquivalenten Richtungen. Daher handelt es sich hierbei nicht um VLS-Wachstum. Eher muss davon ausgegangen werden, dass das Wachstum hier von einem „vapour-solid-solid" (VSS) Mechanismus gesteuert wird, welcher 2004 von Ann Perrson als so genannter „Solid-phase diffusion mechanism" vorgestellt wurde [105]. Neben den hier erzielten Ergebnissen zeigten auch frühere Veröffentlichungen, dass die verwendeten Wachstumskeime bei den jeweils verwendeten Temperaturen fest seien müssen [106, 107]. Ein zusätzlicher Hinweis für das VSS Wachstum ist die geringere Wachstumsrate im Vergleich zum VLS Mechanismus [201]. Unabhängig von dem vertikalen Wachstumsprozess wird das 2-dimensionale Wachstum von der Wachstumstemperatur, bzw. von der Zerlegung des verwendeten Quellenmaterials bestimmt. Zwar ist durch die reduzierte vertikale Wachstumsrate theoretisch mehr Quellenmaterial für das Schichtwachstum an den Seitenflächen vorhanden, allerdings hat dieses aufgrund der großen Oberfläche keinen merklichen Einfluss auf die radiale Wachstumsrate. Daher zeigen GaAs Nanodrähte, die bei einer Temperatur von 520 °C gewachsen wurden, vergleichbares Tapering, unabhängig davon, ob Gold oder Eisen verwendet wurde [100].

Die hier erzielten Ergebnisse zeigen, dass eine minimale Temperatur von etwa 500 °C notwendig ist, um knickfreie Nanodrähte mit wenigen Defekten zu erzeugen, die darüber hinaus in bevorzugte Richtungen orientiert sind.

In diesen Temperaturbereichen ist es jedoch nicht möglich das 2-dimensionale Wachstum zu unterdrücken, wenn man von der Verwendung eines anderen Quellenmaterials absieht.

Dieses alternative Quellenmaterial müsste eine geringere Zerlegungseffizienz aufweisen um das konventionelle Schichtwachstum zu höheren Temperaturen zu vermeiden und somit knickfreie und ungetaperte GaAs Nanodrähte unter der Verwendung von Eisenpartikeln zu erzeugen.

Zusammenfassend wurden im Rahmen dieser Dissertation erstmals GaAs Nanodrähte auf (111)B GaAs Substraten unter der Verwendung von Eisen Nanopartikeln aus der Gasphase gewachsen. Im Gegensatz zum Au basierten VLS Mechanismus, bei dem die Strukturen bevorzugt in die <111>-Richtung wachsen, zeigten die hier gewachsenen Strukturen eine bevorzugte Orientierung in die <100> bzw. <110> und deren äquivalente Richtungen. Aufgrund der verwendeten Temperaturen wird vermutet, dass es sich bei diesem Wachstumsprozess um einen VSS Mechanismus handelt, wobei genau wie beim VLS Wachstum das Partikel während des Wachstums an der Nanodrahtspitze verbleibt. Zugehörige EDS Messungen zeigen einen Gradienten in der chemischen Zusammensetzung, wobei hauptsächlich eine Mischung aus Eisen und Arsen innerhalb des Wachstumspartikels bestimmt werden konnte. Der Eisengehalt im oberen Nanodrahtbereich unterhalb des eigentlichen Partikels konnte aufgrund von Interdiffusion von Fe-Atomen erklärt werden. Stöchiometrisches GaAs konnte etwa ab 25 nm unterhalb der Nanodrahtspitze nachgewiesen werden. Wegen der relativ hohen Wachstumstemperatur, die notwendig ist um knickfreie und bevorzugt orientierte Strukturen zu erzeugen, zeigten die Strukturen ein deutliches Tapering.

3.2 Wachstum von Heterostrukturen

Lokales Wachstum im Nanometerbereich ermöglicht die Herstellung von eindimensionalen Heterostrukturen trotz hoher Fehlanpassung.

Verglichen mit konventionellem, planarem Wachstum würde eine solche Fehlanpassung zur Deformation der Kristallstruktur und Akkumulation des Stresses in der Wachstumsschicht führen. Diese Deformationen verursachen meist einen Übergang in den 3-dimensionalen Wachstumsmodus [202] oder generieren ein Netz aus Gitterfehlern, welches sich innerhalb der Schichten entlang der Wachstumsrichtung fortsetzt [203]. Durch eine Beschränkung der Wachstumsfläche auf einen Bereich weniger Nanometer, wo die Energie der Defektformation nicht mehr von dem akkumulierten Stress der lateralen Verspannung abhängt, kann defektfreies Wachstum stattfinden [204].

Heterostrukturen können wie bereits beschrieben auf zwei verschiedene Weisen erzeugt werden. Ein Materialwechsel in axialer Richtung muss dabei rein durch VLS Mechanismen gewachsen werden, und kann grundsätzlich durch den Wechsel eines Gruppe III- oder Gruppe V-Elementes realisiert werden. Wobei speziell ein Gruppe III-Wechsel aufgrund des Speicherungseffektes innerhalb des Goldpartikels die mögliche Grenzflächenschärfe limitiert. Aus diesem Grund befassen sich die meisten Arbeiten auch mit dem Aufschalten oder Wechsel von Gruppe V Elementen [7, 68]. Der Wechsel von Gruppe III Elementen wurde lediglich in einigen Arbeiten anhand des GaAs/InAs [65, 66] und des GaAs/InGaAs/GaAs [205] Heteroübergangs entlang der vertikalen Wachstumsrichtung gezeigt.

Ein ganz anderer Ansatz ist die Erzeugung von Heterostrukturen in radialer Richtung. Dabei wird vom VLS Modus zum konventionellem Schichtwachstum gewechselt, und damit ein zuvor gewachsenerer Nanodraht umhüllt. Da hier der Speicherungseffekt des Goldes keine Rolle mehr spielt, können sowohl Gruppe V- als auch Gruppe III-Elemente variiert werden. Allerdings ist bei dem Umwachsen von Nanodrähten die Materialauswahl bezüglich der Gitterkonstante erneut eingeschränkt, da die Wachstumsfläche nun deutlich vergrößert ist.

Im Rahmen dieser Arbeit wurden sowohl axiale als auch radiale Heteroübergänge gewachsen und charakterisiert. Die Güte der Grenzflächen wurde dabei mittels energiedispersiever Röntgenspektroskopie (EDS) in extrem hoher Auflösung untersucht [180].

Dabei wurden speziell die Ergebnisse eines Gruppe III-Wechsels mit einem Gruppe V-Wechsels während des VLS Wachstums verglichen. Des Weiteren wurde während dieser Dissertation das Wachstum von III/V Halbleitermaterialien auf Silizium untersucht. Die entsprechenden Ergebnisse werden abschließend in diesem Kapitel vorgestellt und diskutiert.

3.2.1 Axiale Übergänge

GaAs/GaP/GaAs auf GaAs Substrat

Erste Heteroübergänge im Nanodraht wurden mit dem Materialsystem GaAs/GaP realisiert. Dazu wurden GaAs/GaP/GaAs Nanodrähte auf (111)B orientierten GaAs Substraten gewachsen, wobei deren Durchmesser mittels 50 nm und 100 nm großen Goldpartikeln definiert wurde. Trimethylgallium (TMGa) wurde als Gruppe-III Quelle verwendet, während Tertiärbutylarsin (TBAs) und Tertiärbutylphosphin (TBP) im Wechsel als Gruppe-V Element angeboten wurden. Nach dem standardmäßigen Ausheizschritt wurde eine Wachstumstemperatur von T_g = 480 °C eingestellt, die es ermöglicht, die gesamte Heterostruktur ohne spezielle Temperaturänderungen durchzuwachsen. Der Reaktordruck wurde bei einem Gesamtfluss von 3,4 l/min auf 50 mbar eingestellt. In allen Experimenten wurden die jeweiligen Quellenflüsse konstant gehalten, so dass während der Gruppe-V Wechsel lediglich die Auswirkung verschiedener Wachstumspausen auf die Güte der Heterogrenzfläche untersucht wurde. Die Charakterisierung der gewachsenen Strukturen mit Focus auf die erzielbare Grenzflächenschärfe basiert auf einer Kombination aus mehreren Methoden. Neben REM-Aufnahmen wurden HR-TEM Untersuchungen inklusive EDS Messungen vom Fachbereich Physik/Experimentalphysik durchgeführt. Raster-Kraft-Mikroskopie, unter Ausnutzung der „Kelvin-Force“ Methode, wurden vom Fachbereich Werkstoffe der Elektrotechnik bereitgestellt.
Die REM Aufnahme in Abbildung 3.23 (a) zeigt das Ergebnis des ersten Wachstumsversuches eines Übergangs von GaAs zu GaP. In diesem ersten Experiment betrug die Wachstumszeit 6 min, wobei nach den ersten 3 min, in denen zunächst GaAs gewachsen wurde, von TBAs ohne Wachstumspause direkt auf TBP umgeschaltet wurde. Wie man erkennt, sind die Strukturen senkrecht, d.h. in die <111>-Richtung, gewachsen und zeigen eine Änderung des Durchmessers im unteren Nanodrahtbereich, wodurch sich schon mittels dieser REM-Aufnahme der Ort des Heteroübergangs erkennen lässt. Es ist zu erkennen, das diese Verjüngung nicht auf der halben Nanodrahtlänge auftaucht, was daran liegt, dass beide Materialsysteme eine unterschiedliche Wachstumsgeschwindigkeit aufweisen. Darüber hinaus nimmt der Keimbildungsprozess zu Beginn des Wachstums ein wenig Zeit in Anspruch.

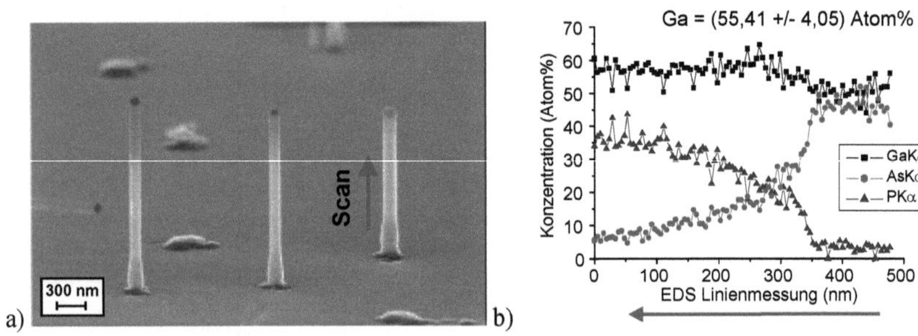

Abb. 3.23: REM Aufnahme von GaAs/GaP Nanodrahtstrukturen (a). Quantifizierte EDS Linienmessung über die GaAs/GaP Grenzfläche [180] (b).

Die zugehörige EDS Linienmessung an dem vermuteten Übergang ist ebenfalls in Abbildung 3.23 (b) dargestellt. Die entsprechende Scanrichtung vom GaAs zum GaP kann dabei ebenfalls der REM Aufnahme entnommen werden. Anhand der EDS Messung ist deutlich zu erkennen, dass der Wechsel vom GaAs zum GaP nicht scharf ist, sondern über mehrere hundert Nanometer ausgedehnt ist. Die hier erzielten Ergebnisse und frühere Veröffentlichungen zum Wachstum von GaAs/GaP/GaAs Nanodrahtstrukturen [61, 67] zeigen eine As- bzw. P-Verschleppung beim Gruppe-V Wechsel.

Diese Verschleppung kann aus der gesamten Reaktorumgebung und speziell von der Suszeptoroberfläche kommen. Darüber hinaus gibt es eine Reihe von Veröffentlichungen, aus denen hervor geht, dass es kein Speicherungseffekt von Gruppe-V Elementen innerhalb des Goldtropfens gibt, da die Löslichkeit von beispielsweise As in Au sehr gering ist [63]. Um eine Verschleppung von außerhalb, die zu einer verschmierten Grenzfläche führt, zu reduzieren oder gänzlich zu unterdrücken, wurde daher eine Wachstumspause zwischen den Materialwechseln eingeführt. Diese Unterbrechung sollte die Schärfe der Heterogrenzfläche deutlich verbessern, da Gruppe V-Reststoffe, die sich im Reaktor befinden, mit Hilfe des Trägergases abtransportiert werden können. Kritisch hierbei scheint lediglich die Tatsache, das während dieser Wachstumsunterbrechung kein Gruppe-V Überdruck zur Oberflächenstabilisierung gegeben wäre, was sich aber im späteren Verlauf als unproblematisch herausgestellt hat, da eine Wachstumstemperatur von 480 °C noch keine signifikante Desorption von Gruppe-V Atomen aus der Oberfläche verursacht.

In den weiteren Versuchen wurden zwischen den Materialwechseln Wachstumspausen von 1 min eingeführt in denen bis auf die Trägergase keinerlei Quellenmaterial in den Reaktor gelangt. Die REM Aufnahme in Abbildung 3.24 zeigt eine nach dieser Prozedur gewachsene Struktur, wobei jetzt absichtlich eine Vielzahl von GaAs/GaP/GaAs Übergängen erzeugt wurde.

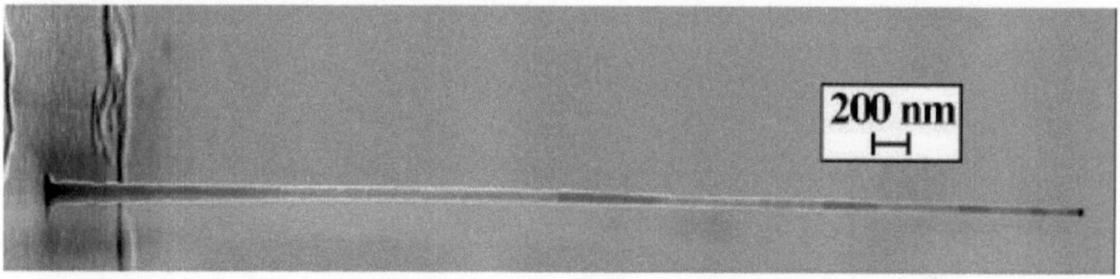

Abb. 3.24: REM Aufnahme eines GaAs/GaP/GaAs Nanodrahtes mit 10 Materialwechseln.

Anhand des deutlichen Materialkontrastes kann man bereits alle 10 Übergänge in dieser REM Darstellung erkennen, in der die dunkleren Bereiche das GaAs repräsentieren und die helleren Teilstücke entsprechend dem GaP zuzuordnen sind. Obwohl es keinerlei Gruppe-V Stabilisierung während der Wachstumspausen gab, sind keine größeren Kristalldefekte an der Nanodrahtoberfläche erkennbar. Des Weiteren wurde in diesem Versuch bei jedem zweiten Materialwechsel die Wachstumszeit reduziert, was ebenfalls an den kürzeren Teilbereichen hin zur Nanodrahtspitze sichtbar ist. Anhand dieser Strukturen wurden die beiden möglichen Übergänge mittels EDS Messungen untersucht. Abbildung 3.25 zeigt die Ergebnisse entsprechender EDS Liniemessungen in Wachstumsrichtung vom GaAs- zum GaP-Bereich (a), sowie den umgekehrten Fall vom GaP zum GaAs inklusive des abschließenden Goldpartikels (b). In beiden Fällen ist eine drastische Verbesserung der Heteroübergänge mit Schärfen der Übergangsbereiche von bis zu 8 nm erkennbar.

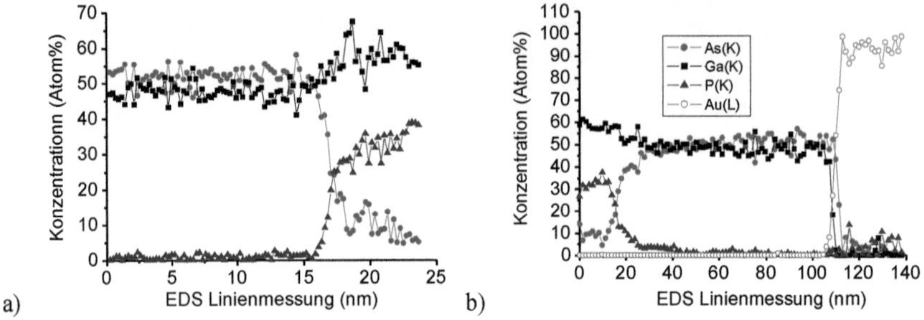

Abb. 3.25: Quantifizierte EDS Linienmessung über die GaAs/GaP Grenzfläche (a). Quantifizierte EDS Linienmessung über die GaP/GaAs/Au Grenzfläche [180] (b).

Dieses Ergebnis zeigt deutlich, dass es während des Wachstums keinen signifikanten Speicherungseffekt der Gruppe-V Elemente innerhalb des Goldtropfens gibt. Darüber hinaus ist erkennbar, dass in den GaP Bereichen der As-Gehalt nicht auf ganz Null zurück geht, was am additiven Wachstum eines GaAs Mantels liegt. Abschließend wurden an diesen Strukturen Untersuchungen mit dem RKM durchgeführt, wobei als Alternative speziell mit der „Kelvin-Force" Methode die unterschiedlichen Nanodrahtbereiche identifiziert wurden. In Abbildung 3.26 ist zum einen der Topographiekontrast dargestellt und anhand der linken Achse abzulesen. Das Ergebnis der Kelvin Force Messung ist anhand der Kelvin Spannung an der rechten Achse abzulesen. Anhand des Topographieverlaufes ist sehr schön zu erkennen, dass der Nanodraht eine leicht getaperte Form aufweist. Während der Durchmesser in den GaAs Bereichen (grau hinterlegt) variiert, bleibt er innerhalb der GaP Bereiche nahezu konstant (weiß hinterlegt).

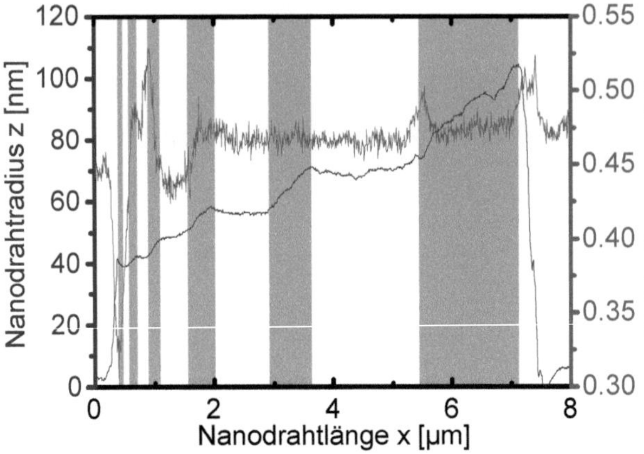

Abb.3.26: RKM Messung inklusive Topographiekontrast (linke Achse) und Kelvin Force Spannung (rechte Achse)[206].

Da bei den gewählten Epitaxiebedingungen das additive Wachstum in radialer Richtung nur für das Wachstum von GaAs stark ausgeprägt ist, entsteht dieser typische Topographieverlauf. Aus dem Anstieg innerhalb der GaAs Bereiche kann das Verhältnis der beiden Wachstumsraten gr_{VLS}/gr_{lat} zu ungefähr 53 bestimmt werden. Die Kelvin Force Messung liefert ausschließlich in der oberen Nanodrahtregion sinnvolle Ergebnisse, was die Änderung der Kelvin Spannung anzeigt. So können das Goldpartikel, welches den niedrigsten Austrittsarbeitswert aufweist, sowie einige der oberen GaAs/GaP Wechsel aufgelöst werden. In den anderen Bereichen verhindert der zusätzlich gewachsene GaAs Mantel die Bestimmung der verschiedenen Nanodrahtbereiche.

Um rein axiale Heteroübergänge zu erzeugen, die auch eine bessere Grundlage für intensivierе Kelvin-Force Untersuchungen bezüglich der Auflösungsgrenzen dieser Methode bilden, wurden die Wachstumsbedingungen derart angepasst, dass die gesamte Nanodrahtstruktur inklusive aller Heteroübergänge keinerlei signifikantes Tapering mehr aufweist. Dieses konnte damit erreicht werden, dass die Wachstumstemperatur für die GaAs Bereiche nun auf 400 °C abgesenkt wurde. Durch die aus Kapitel 3.1 für das GaAs bereits bekannte Optimierung im Hinblick auf Unterdrückung des additiven Schichtwachstums konnten Strukturen, wie in der folgenden Abbildung 3.27 gezeigt, gewachsen werden.

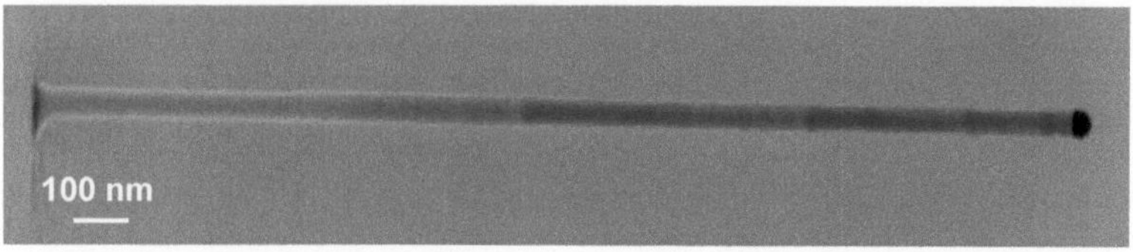

Abb.3.27: REM Aufnahme eines GaAs/GaP/GaAs Nanodrahtes mit optimierten Wachstumsbedingungen. Additives Schichtwachstum konnte nahezu vollständig unterdrückt werden.

Die einzelnen GaAs bzw. GaP Bereiche sind wieder gut zu erkennen. Allerdings sind nun charakteristische Wülste an den Übergängen zu sehen, die von den Temperaturrampen und den damit verbundenen Löslichkeitsänderungen im Goldpartikel stammen. So steigt beispielsweise die Löslichkeit von Ga in Au und somit das Partikelvolumen mit steigender Temperatur an und nimmt mit sinkender Temperatur wieder ab. Somit konnte mit dieser Wachstumssequenz das Tapering entlang des gesamten Nanodrahtes unterdrückt werden. Darüber hinaus sind die Drähte auch frei von Knicken, die bei Wachstumsversuchen mit Temperaturvariationen auftreten können. Die Ergebnisse am Beispiel dieser GaAs/GaP/GaAs Übergänge belegen, dass mit einem Gruppe V-Wechsel scharfe Heteroübergänge realisierbar sind. Für diesen speziellen Fall waren allerdings zwischen den jeweiligen Materialwechseln Wachstumspausen notwendig.

Die GaAs Bereiche zeigten in den ersten Versuchen deutliches Tapering, welches anhand einer Topographieabbildung mittels RKM eindeutig gezeigt werden konnte. Mittels erster Kelvin Force Messungen konnten an diesen Proben Materialwechsel aufgelöst werden, allerdings sind dazu Strukturen notwendig, die keine oder nur eine geringe Ummantelung aufweisen. Durch eine Reduzierung der Wachstumstemperatur auf 400 °C für die GaAs Bereiche konnte das additive Wachstum nahezu vollständig unterdrückt werden, was daher ideale Voraussetzungen für weitere Kelvin-Force Untersuchungen an diesen Nanodrähten bildet.

3.2.2 Radiale Übergänge

GaAs/InGaAs/GaAs

In diesem Abschnitt werden hauptsächlich die Erzeugung und Charakterisierung von Heterogrenzflächen in radialer Richtung behandelt. Durch Überlagerung von VLS- und konventionellem Schichtwachstum sind aber auch Heterogrenzflächen in axialer Richtung entstanden. Neben der jeweiligen Grenzflächenschärfe wird anhand der axialen Materialwechsel zusätzlich der Speichereffekt von Gruppe III-Elementen innerhalb des Goldpartikels untersucht.
Die *GaAs/In$_x$Ga$_{1-x}$As/GaAs* Nanodrähte wurden auf (111)B GaAs Substrat gewachsen. Dabei wurde eine Wachstumssequenz entwickelt, die zum einen die Einstellung sämtlicher InGaAs Kompositionen (siehe Kapitel 3.1.2) und zum anderen knickfreie Heteroübergänge innerhalb der Nanodrahtstrukturen ermöglicht. Dieser Ansatz konnte aufgrund der Verwendung zweier Ga Quellen mit unterschiedlichen Einbaueffizienzen für die gewählten Wachstumsbedingungen realisiert werden. Die Struktur- und Gitterparameter der gewachsenen Strukturen wurde mittels Hellfeldabbildungen von HR-TEM Messungen untersucht. Die Zusammensetzung wurde für die verschiedenen Nanodrahtbereiche mit Hilfe von EDS und ersten µ-PL Messungen analysiert.
Vor dem Wachstum wurden Gold Nanopartikel aus einer kolloidalen Lösung auf der Substratoberfläche deponiert. Die hier verwendeten Partikel hatten einen mittleren Durchmesser von 102,3 nm, mit einer Standardabweichung von < 8 % und ergaben eine Dichte von etwa 10^8 cm^{-2} an der Oberfläche. Nach dem Transfer in die MOVPE Anlage wurden die Proben zunächst standardmäßig für 10 min bei 600 °C ausgeheizt. Für die GaAs Bereiche wurde wie üblich TBAs und TMGa als Quellenmaterialien verwendet. Während die Wachstumstemperatur für den unteren GaAs Bereich bei 480 °C fixiert wurde, ist der obere GaAs Teil bei Temperaturen bis hin zu 530 °C gewachsen worden, da durch eine höhere Wachstumstemperatur für den oberen Bereich eine gezielte Ummantelung der gesamten Nanodrahtstruktur erzeugt werden kann. Der mittlere InGaAs Bereich wurde bei 420 °C gewachsen, wobei hier neben TMIn und TBAs, TEGa anstatt TMGa verwendet wurde. Die Realisierbarkeit verschiedener InGaAs Kompositionen, mit den Vorteilen der TEGa Nutzung, wurde bereits in Kapitel 3.1.2 erläutert. Die bereits gewonnenen Erkenntnisse wurden verwendet, um die Zusammensetzung des mittleren In$_x$Ga$_{1-x}$As Bereiches auf $x = 0.5$ einzustellen. Während des Wachstums, bei einem Reaktordruck von 50 mbar und einem Gesamtfluss von 3,4 l/min, lag das V/III-Verhältnis zwischen 5 und 10. Die Wachstumszeit wurde mit 10 Minuten so gewählt, um Strukturen mit einer Gesamtlänge von etwa 5 µm zu erreichen, was die spätere Charakterisierung vereinfacht. Während der Wachstumspausen, die aufgrund der zu fahrenden Temperaturrampen entstanden, wurde ausschließlich TBAs zur Oberflächenstabilisierung angeboten.
Zunächst werden die *GaAs/In$_x$Ga$_{1-x}$As/GaAs* Strukturen betrachtet, deren oberer sowie unterer GaAs Teil bei 480 °C gewachsen wurde. Die TEM Hellfeldabbildung 3.28 (a) verdeutlicht, dass die gewachsenen Strukturen, bei den gewählten Wachstumstemperaturen, deutliches Tapering über die gesamte Nanodrahtlänge zeigen, wobei diese Strukturaufweitung für den mittleren InGaAs Bereich am stärksten ausgeprägt ist. Diese spezielle Form führt zu einem Nanodrahtmodell wie es in Abbildung 3.28 (b) gezeigt ist. Der gesamte Draht ist von einer GaAs Hülle umgeben, die parallel zum Drahtwachstum entstanden ist. Entsprechend ist der GaAs Fuß zusätzlich mit einer inneren InGaAs Schicht ummantelt. Aufgrund dieser Anordnung wurden zunächst EDS Linienmessungen, senkrecht zur Nanodrahtlänge, in den drei charakteristischen Bereichen durchgeführt. Die Ergebnisse sind in der Abbildung 3.29 dargestellt. Während der obere Bereich wie erwartet nur GaAs zeigt (a), ist die mittlere InGaAs Zone zusätzliche mit 30 nm dickem GaAs ummantelt. Ein In Gehalt des InGaAs Kerns von etwa 50 % kann durch die Subtraktion des GaAs Mantels abgeschätzt werden. Der untere GaAs Bereich zeigt wie im Modell eine doppelte Mantelstruktur (c).

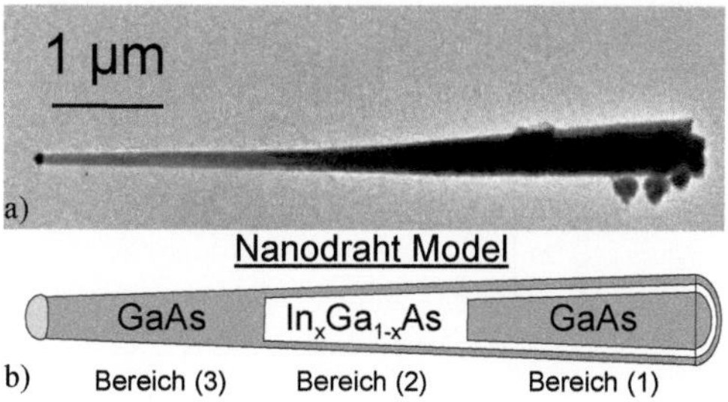

Abb.3.28: TEM Hellfeldabbildung eines auf (111)B GaAs Substrat gewachsen GaAs/InGaAs/GaAs Nanodrahtes (a)[180]. Strukturmodell mit einer Kern-Mantelstruktur im mittleren Bereich und doppelter Mantelstruktur im Fußbereich (b).

Der äußere 30 nm dicke GaAs Mantel ist gleich dem des mittleren Bereiches. Zusätzlich verursachte das InGaAs Wachstum des mittleren Bereiches einen InGaAs Mantel mit einer dicke von etwa 80 nm um den unteren GaAs Fuß. Genau wie bei dem InGaAs Kern, liegt der In Gehalt des InGaAs Mantels bei ungefähr 50 %.

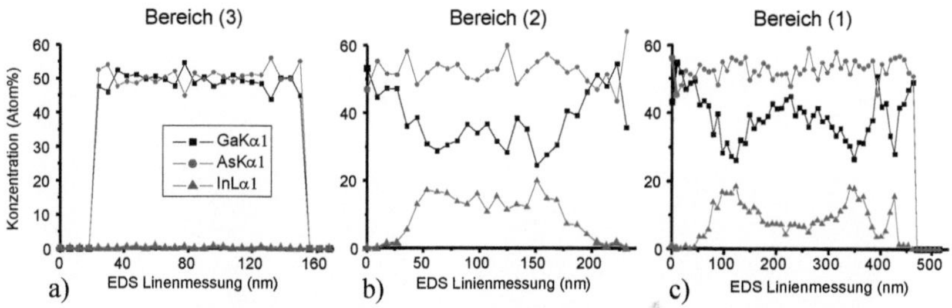

Abb. 3.29: EDS Messungen senkrecht zur vertikalen Wachstumsrichtung in den drei charakteristischen Bereichen. GaAs im oberen Bereich (a), InGaAs Kern mit 30 nm GaAs Mantel im mittleren Bereich (b) und die doppelte Mantelstruktur am Nanodrahtfuß (c) [180].

Die eingestellten Wachstumsparameter verursachen somit deutliches 2-dimensionales Wachstum, welches, wie bereits zuvor vermutet, für das InGaAs Materialsystem stärker ausgeprägt ist. Das Auftreten von lateralen und vertikalen Heteroübergängen in den Nanodrahtstrukturen erschwert Kompositionsermittlung entlang der axialen Wachstumsrichtung. Unter Berücksichtigung des Modells aus Abb. 3.28 (b) scheint eine Messung am Übergang vom mittleren InGaAs- zum oberen GaAs-Bereich am sinnvollsten. So muss lediglich der Einfluss des GaAs Mantels beachtet werden. Das entsprechende Messergebnis für diesen Bereich ist in Abbildung 3.30 gezeigt. Eine scharfe Grenzfläche in axialer Richtung konnte nicht beobachtet werden, ganz im Gegenteil ändert sich der In-Gehalt über einige hundert Nanometer. Es wird vermutet, dass dieser Effekt durch eine Speicherungswirkung der Gruppe-III Elemente in dem Goldtropfen hervorgerufen wird, was die Bildung einer scharfen Heterogrenzfläche vermeidet. Zusätzlich erschwert das Tapering eine detaillierte Untersuchung der Heterogrenzflächen in axialer Richtung. Erste Versuche zur genaueren Charakterisierung mit reduziertem Tapering sind am Ende dieses Abschnittes dargestellt.

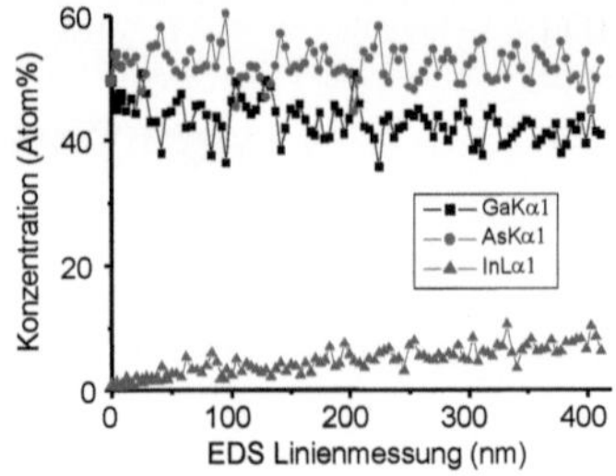

Abb.3.30: EDS Linienmessung in vertikaler Wachstumsrichtung vom oberen GaAs- zum mittleren InGaAs Bereich [180].

Um ausgeprägtere Kern-Mantelstrukturen herzustellen wurde im weiteren Verlauf der obere GaAs Bereich bei höheren Temperaturen gewachsen. Abbildung 3.31 (a) zeigt eine REM Aufnahme von GaAs/InGaAs/GaAs Nanodrähten, deren oberer GaAs Abschnitt bei 510 °C gewachsen wurde. Neben dem stark ausgeprägten Taperingeffekt, ist bei allen Strukturen ein Abknicken im oberen Bereich erkennbar. Dieses Abknicken, in die drei <111>A-Richtungen, wird durch Instabilitäten während der Aufheizphase an der InGaAs/Au Grenzfläche verursacht.

a) 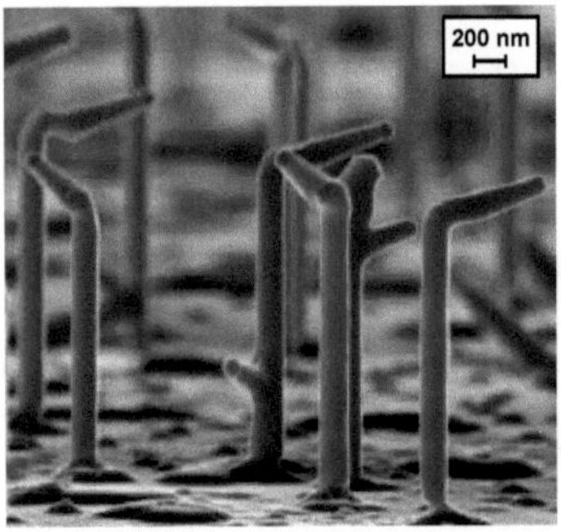

b) 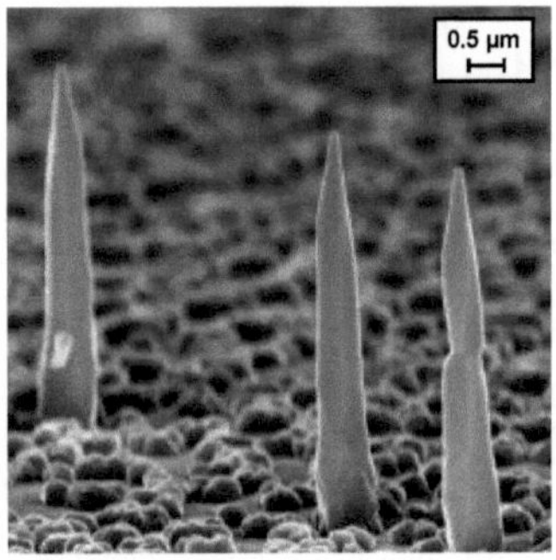

Abb. 3.31: REM Aufnahme von Nanodrahtstrukturen mit Knicken an der InGaAs/GaAs Grenzfläche, als Resultat eines Ungleichgewichtes an der Wachstumsfront während des Aufheizens auf 510 °C (a) und knickfreie Strukturen mit einer dicken zusätzlichen GaAs Hülle (b).

Bevor der obere GaAs-Teil gewachsen wird, muss zunächst die Temperatur von 420 °C auf 510 °C erhöht werden, was dazu führt, dass die Löslichkeit von Gruppe-III Elementen innerhalb des Goldtropfens ansteigt und somit eine Beeinträchtigung der Kristallgrenzfläche zur Folge hat. Um ein Abknicken während des Wachstums von Kern-Mantelstrukturen zu vermeiden, wurde daher eine spezielle Temperatursequenz oberhalb des InGaAs Teilstückes entwickelt. Dabei wurde zunächst das obere GaAs für 3 Minuten bei 480 °C angewachsen, was eine vorläufige Temperaturerhöhung von 60 °C ausmacht. Anhand der ersten erzielten Ergebnisse verursacht diese Temperaturerhöhung noch keine Probleme hinsichtlich des Abknickens.

Danach wurde ohne Wachstumsunterbrechung innerhalb von 2,5 Minuten die Temperatur auf 530 °C erhöht und abschließend für 9 min 30 s bei den erreichten 530 °C weitergewachsen, um einen dicken GaAs-Mantel um die gesamte Nanodrahtstruktur zu erhalten. In Abbildung 3.31 (b) ist das positive Resultat dieser Temperatursequenz anhand von knickfreien GaAs/InGaAs/GaAs Kern-Mantel-Nanodraht-Strukturen zu erkennen. Auch diese Strukturen sind mittels EDS Messungen analysiert worden. Abbildung 3.32 zeigt das entsprechende Ergebnis einer Linienmessung quer über den mittleren InGaAs Bereich. Ein ca. 200 nm dicker GaAs Mantel um den InGaAs Kern ist nun zu erkennen. Wegen des dicken GaAs Mantels scheint der In Gehalt innerhalb der quantifizierten EDS Messung sehr gering. Eine Subtraktion des GaAs Mantels ergibt jedoch, wie bei den dünneren Strukturen zuvor, ein Indiumanteil von etwa 50 %.

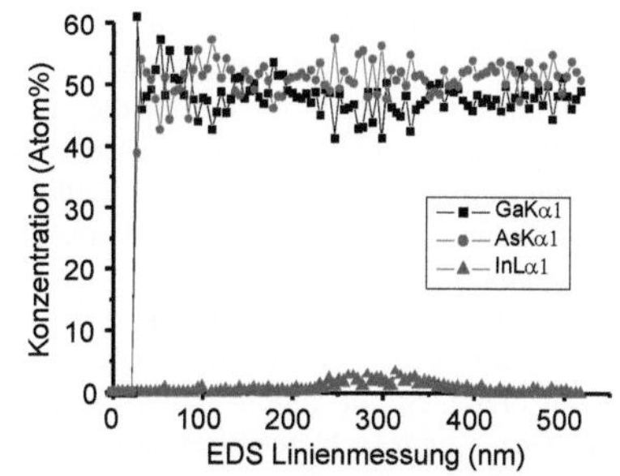

Abb.3.32: EDS Messung senkrecht zur vertikalen Wachstumsrichtung im mittleren InGaAs Bereich zeigt einen zusätzlichen, 150 nm dicken, GaAs Mantel [180].

Um die offene Frage der Grenzflächenschärfe in axialer Richtung bei einem Gruppe III Wechsel zu klären, wurden abschließend erste Untersuchungen an dazu optimierten GaAs/InAs/GaAs Nanodrähten durchgeführt. Zum einen wurde die Wachstumstemperatur sowohl für den unteren als auch für den oberen Bereich auf 400 °C, entsprechend der Ergebnisse aus 3.1.1, reduziert, was zumindest für das Wachstum der GaAs Bereiche ein additives Schichtwachstum deutlich einschränkt. Des Weiteren wurde, speziell in diesem Fall, bei ebenfalls 400 °C reines InAs für den mittleren Teil gewachsen, was verglichen zu einem InGaAs/GaAs Übergang einen deutlich besseren Kontrast während der EDS Linienmessung liefert. Abbildung 3.33 zeigt Nanodrahtstrukturen, die bei diesen Randbedingungen entstanden sind. Obwohl die gezeigte Struktur gerade durchgewachsen ist, bleibt anzumerken, dass der überwiegende Teil der Nanodrähte während des ersten Gruppe-III Wechsels spontan abknickt, was bei dem Wechsel von GaAs zu InAs innerhalb einer Nanodrahtstruktur ein generelles Problem ist [63].

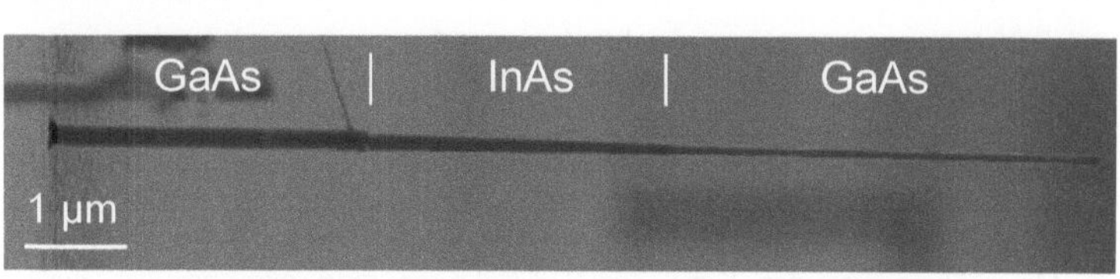

Abb.3.33: REM Aufnahme eines bei 400 °C auf (111)B GaAs Substrat gewachsen GaAs/InAs/GaAs Nanodrahtes mit reduziertem Tapering.

Der geringe Anteil der Nanodrähte die kontinuierlich in die <111>-Richtung gewachsen sind, weisen darüber hinaus deutlich reduziertes Mantelwachstum auf. Innerhalb der beiden GaAs-Bereiche ist der Drahtdurchmesser weitestgehend konstant, was darauf hinweist, dass hier das Tapering unterdrückt werden konnte. Der mittlere InAs-Teil weist hingegen leichtes Tapering auf, was anhand des Durchmessergradienten erkennbar ist und den deutlich dickeren Drahtdurchmesser am unteren GaAs-Bereich erklärt. Da GaAs bei 400 °C nicht zu additivem Schichtwachstum neigt, muss es sich bei der unteren Ummantelung um nahezu reines InAs handeln, welches das untere GaAs umgibt. Dennoch sollte sich der obere Übergang vom InAs zum GaAs für eine entsprechende Charakterisierung der Grenzflächenschärfe eignen, da hier ein vollständiger Wechsel von InAs zu GaAs vorliegt.
Die erste EDS Linienmessungen in Abbildung 3.34 zeigt, dass sich die Grenzflächenschärfe im Vergleich zu den ersten Ergebnissen deutlich verbessert hat und der Materialwechsel nun nach maximal 100 nm abgeschlossen ist. Hauptgrund dafür ist sicherlich die vereinfachte Charakterisierung aufgrund der optimierten Struktur, die einen deutlich reduzierten Mantel besitzt. Da diese Messungen allerdings im Rasterelektronenmikroskop durchgeführt wurden, welches im Vergleich zum Transmissionselektronenmikroskop nicht über eine Driftkorrektur und über eine derartige Auflösungsgenauigkeit verfügt, müssen die Ergebnisse kritisch betrachtet werden. Der Übergang könnte sich somit noch als deutlich schärfer herausstellen als gemessen, wobei wegen des Speichereffektes des Au-Partikels sicherlich eine gewisse Verschmierung der Grenzfläche bleibt. Eine zusätzliche Verbesserung der Übergangsschärfe sollte durch eine Reduzierung der Partikelgröße erreicht werden, was, genau wie die Analyse dieser ersten Ergebnisse, anhand von EDS Messungen innerhalb des Transmissionselektronenmikroskops zu überprüfen bleibt. Somit konnte mittels VLS Wachstum in einem weiten Temperaturbereich *GaAs/In$_x$Ga$_{1-x}$As/GaAs* Heterostrukturen gewachsen werden, bei denen sowohl laterale als auch vertikale Heteroübergänge nachgewiesen wurden.

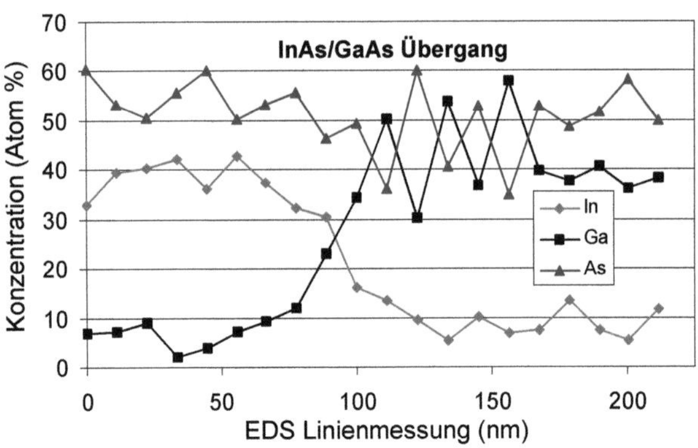

Abb.3.34: EDS Linienmessung in axialer Wachstumsrichtung vom mittleren InAs- zum oberen GaAs Bereich.

Die Eigenschaften der axialen Übergänge werden durch das VLS Wachstum bestimmt. Aufgrund eines Speicherungseffektes im Goldtropfens konnte mittels der EDS Messung kein scharfer InGaAs/GaAs Übergang in vertikaler Wachstumsrichtung gefunden werden. Die lateralen Heteroübergänge der Kern-Mantel Strukturen sind augrund des zusätzlichen 2-dimensionalen konventionellen Schichtwachstums an den Seitenflächen entstanden.

In dieser lateralen Wachstumsrichtung zeigen EDS Messungen scharfe Kern-Mantel GaAs/InGaAs/GaAs Heteroübergänge. Die Umhüllung der gesamten Strukturen kann in Abhängigkeit der Wachstumstemperatur für den oberen GaAs Abschnitt eingestellt werden. Am oberen InGaAs/GaAs Heteroübergang wird ein Temperaturanstieg benötigt, welcher ein Abknicken an dieser Stelle zur Folge haben kann. Um dieses Abknicken zu vermeiden wurde eine spezielle Temperatursequenz an diesem Übergang verwendet. Darüber hinaus wurden bei den eingestellten Wachstumsbedingungen zwei Galliumquellen mit unterschiedlichen Einbaueffizienten verwendet.

3.2.3 III/V auf Silizium

GaAs auf Si Substrat

Die Integration von Verbindungshalbleitern mit der Siliziumtechnologie ist nach wie vor ein höchst interessantes Gebiet. Während Silizium die Plattform der gesamten Mikroelektronik bildet, sind die Verbindungshalbleiter die Basis für Leucht- und Laserdioden, Fotodetektoren und andere optische Anwendungen. Das kristalline Wachstum von III/V Verbindungshalbleitern auf Silizium stellt dabei eine Reihe von zusätzlichen fundamentalen Herausforderungen an den Epitaxieprozess, wie Gitterfehlanpassung, das Auftreten von strukturellen Defekten, die als Antiphasendomänen bekannt sind, bis hin zu großen Unterschieden der thermischen Ausdehnungskoeffizienten [204]. Nanodrähte ermöglichen in einem gewissen Rahmen stark fehlangepasste Materialien zu kombinieren, da die geringe laterale Ausdehnung dazu führt, dass das Kristallgitter entlang der Wachstumsrichtung innerhalb der ersten Monolagen relaxieren kann. Eine monolithische Integration mit der CMOS Technologie setzt allerdings die Verwendung von (100) orientierten Si Substraten voraus, was wiederum dazu führt, dass die Nanodrähte, die bevorzugt in die <111>-Richtung wachsen, nicht senkrecht wachsen, sondern einen Winkel von 35,3 ° zur Substratoberfläche aufweisen. Darüber hinaus existiert beim Silizium nur eine Art von <111>-Richtungen, die nicht mehr zwischen <111>A und <111>B unterschieden werden können. Somit existieren nicht nur zwei, sondern gleich vier <111>-Richtungen, in denen Nanodrahtwachstum bevorzugt stattfinden könnte.
Wie Abbildung 3.35 (a) zeigt, existieren selbst bei der Verwendung von (111) orientierter Si-Oberfläche vier <111> Richtungen. Neben der senkrechten Wachstumsrichtung gibt es drei weitere Richtungen, die einen Winkel von nur 19 ° zur Substratoberfläche aufweisen. Die Draufsicht in 3.35 (b) verdeutlicht dabei, dass diese zusätzlichen drei Richtungen symmetrisch um 120 ° zueinander gedreht sind.

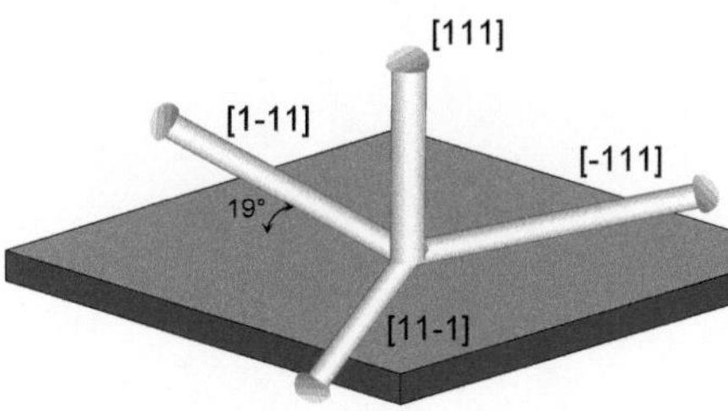

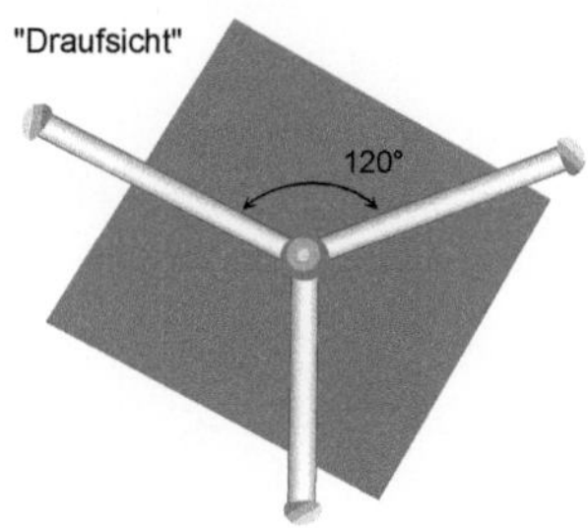

Abb. 3.35: Mögliche <111>-Richtungen auf einer (111) Silizium Oberfläche (a). Die Draufsicht zeigt eine 120 ° rotationssymmetrische Anordnung der drei flachen Wachstumsrichtungen (b).

Erste Ergebnisse zum direkten Wachstum von GaAs-Nanodrähten auf Si Substrat wurden im Jahre 2004 von T. Martensson (Lund, Schweden) [16], wie auch im Rahmen dieser Dissertation [14] vorgestellt. Dabei wurden die GaAs Nanodrähte sowohl auf (111)- und (100)-Si Substraten gewachsen.

Da Silizium im Vergleich zu den zuvor verwendeten III/V Halbleitermaterialien ein deutlich stabileres Oxid aufweist, wurden die Substrate zunächst mit verdünnter Flusssäure (HF 5%) gereinigt und anschließend mit destilliertem Wasser abgespült, bevor die Proben anschließend mit Goldpartikeln belegt wurden. Wie sich im späteren Verlauf der Arbeit zeigte ist gerade die Substratvorbehandlung äußerst wichtig und damit ausschlaggebend für das spätere Wachstumsergebnis, was auch durch andere Veröffentlichungen, die sich mit dem Wachstum von III/V Nanodrähten auf Silizium beschäftigen, bestätigt wird [16, 207].

Für das Wachstum von GaAs Nanodrähten auf Silizium wurden Au-Partikel aus einer kolloidalen Lösung und aus der Gasphase verwendet. Ebenso wurden Au-Partikel durch Ausheizen einer zuvor aufgedampften Gold-Schicht erzeugt. Des Weiteren wurden auch kurze Siliziumnanodrähte als Keime verwendet, die zuvor mittels MBE und Goldpartikeln gewachsen wurden. Hierbei ist die Wachstumsfront bereits mit dem Goldkeim bedeckt und bietet somit einen gewissen Schutz vor Oxidation. Als Quellenmaterial wurde hauptsächlich Triemethylgallium (TMGa) und Tertiärbutylarsin (TBAs) verwendet. Da allerdings zu Beginn dieser Arbeit noch kein TMGa zu Verfügung stand, sind die ersten Ergebnisse unter der Verwendung von Triethylgallium (TEGa) entstanden. Vor dem eigentlichen Wachstumsprozess wurden die mit Goldpartikeln belegten Proben zunächst ausgeheizt. Aufgrund der Oxidproblematik wurde dieser Ausheizschritt in einem weiten Temperaturfenster von 600 °C bis 950 °C untersucht. Dabei wurde sowohl die Ausheizdauer bis hin zu 30 Minuten, und auch die Stabilisierung mittels TBAs, variiert. Als Trägergas wurde ausschließlich N_2 verwendet. Für die Reduzierung des Siliziumoxids an der Oberfläche sind vor dem Wachstum Wasserstoffradikale notwendig. Diese stammen aus Zerfallsprodukten der TBAs Quelle. Da der Wasserstoff in molekularer Form vorliegen muss ist die Verwendung von H_2 als Trägergas bei den hier verwendeten Temperaturen nicht wirksam. Die hierbei verwendeten Wachstumsparameter liegen dabei in Bereichen, die bereits in Kapitel 3.1.1 untersucht wurden.

Abbildung 3.36 (a) zeigt REM-Aufnahmen von gewachsenen GaAs Nanodrähten auf (111)-Si Substrat. Für die gezeigte Probe wurden polydisperse Nanopartikel aus der flüssigen Phase mit Durchmessern von 5 nm – 100 nm verwendet. Vor dem Wachstum wurde die vorbereitete Probe für 10 Minuten bei einer Temperatur von 600 °C ausgeheizt.

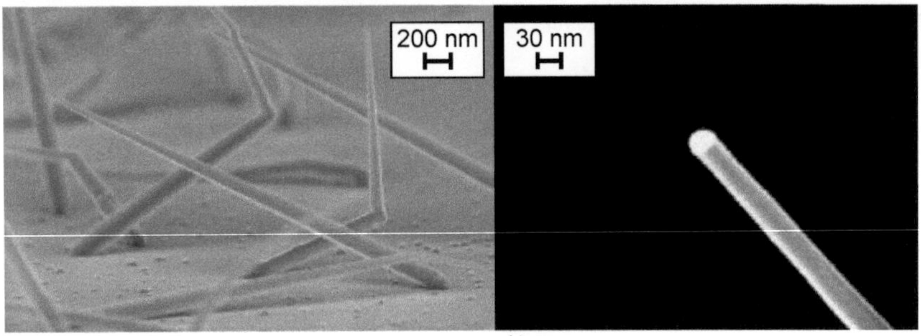

a) b)

Abb. 3.36: REM-Aufnahmen von gewachsenen GaAs-Drähten auf Si Substrat (a), sowie oberer Abschnitt eines einzelnen Nanodrahtes mit erkennbarem Au Nanopartikel an der Spitze (b).

Da dieses eines der ersten Ergebnisse darstellt wurde zu diesem Zeitpunkt noch TEGa verwendet. Trotz der relativ niedrigen Wachstumstemperatur von 400 °C weisen die Strukturen deutliches Tapering auf, was mit den Ergebnissen aus Kapitel 3.1.1 korreliert. Die Nanodrähte sind bis zu 8 µm lang und sind mit einer Dichte von 10^8 cm^{-2} zufällig auf der Oberfläche verteilt. Weiter ist in Abbildung 3.36 (b) die Spitze eines GaAs-Drahtes mit einem Durchmesser von ca. 30 nm abgebildet, welche deutlich den Goldpunkt am Ende des Nanodrahtes zeigt. Im Vergleich zu den vorherigen Ergebnissen zum Wachstum auf GaAs Substraten wurde auf den hierbei verwendeten Si Substraten zunächst keine bevorzugte Wachstumsrichtung beobachtet. Die Nanodrähte starten zu Beginn des Wachstums in diverse Richtungen, ändern darüber hinaus teilweise abrupt ihre Wachstumsrichtung oder wachsen sogar bogenförmig. Höchstwahrscheinlich ist die Oxidschicht nicht vollständig von der Si-Oberfläche entfernt worden, was dazu führt, dass die durch das Substrat vorgegebene Kristallorientierung nicht vom Nanodraht übernommen werden kann. Die erkennbaren Reste auf der nanodrahtfreien Oberfläche könnten nicht angewachsene Goldpartikel oder auch Kochsalz (NaCl) sein, welches bei der Synthese dieser polydispersen Goldpartikel entsteht. Obwohl diese Nanodrähte auf den ersten Blick viele Kristallfehler aufweisen und somit eine schlechte Qualität vermuten lassen, lieferte diese Probe bereits eine beachtliche Photolumineszenz, was entgegen des ersten Eindruckes wiederum für eine gute Kristallqualität spricht [14]. Die entsprechenden optischen Untersuchungen sind in Kapitel 4.2 dargestellt.

Äquivalent zu den Ergebnissen in Kapitel 3.1.1 wirkt sich auch bei dem Wachstum auf Silizium die Verwendung von TMGa als Quellenmaterial und der damit möglichen Temperaturerhöhung während des Wachstums positiv auf die Kristallstruktur aus. Abbildung 3.37 zeigt GaAs Nanodrähte, die bei 490 °C innerhalb von 5 Minuten auf (111)-Si Substrat gewachsen wurden. Die leicht getaperte Form der gewachsenen Nanodrähte ist durch die hier verwendete Wachstumstemperatur zu erklären. Durch die Änderung der Wachstumsbedingungen sind nun keine Drähte mehr erkennbar, die während ihres Wachstums abknicken. Allerdings ist ein bevorzugtes Wachstum in die <111>-Richtungen weiterhin nicht zu erkennen. Wie auch schon beim zuvor beschriebenen Wachstumsergebnis, wird diese Eigenschaft darauf zurückgeführt, dass die natürliche Siliziumoxidschicht auf der Substratoberfläche vor dem Wachstum nur teilweise oder gar nicht entfernt werden konnte. Versuche, die Oberfläche im Vorfeld lediglich mittels verdünnter Flusssäure zu behandeln und somit den Wachstumsstart zu verbessern, zeigten keine erkennbare Wirkung. Selbst bei günstigsten Prozessabläufen, während denen die Probe lediglich wenige Sekunden der Atmosphäre ausgesetzt war, konnten keine verbesserten Ergebnisse bezüglich des Richtungswachstums erzielt werden, was wahrscheinlich auf eine Reoxidation der Oberfläche zurückzuführen ist. Versuche, die oxidierte Si-Oberfläche rein thermisch zu reduzieren waren nur bedingt erfolgreich.

Abb. 3.37: GaAs Nanodrähte die in 5 min bei 490 °C auf einem <111>Si Substrat gewachsen wurden.

In welchen Temperaturbereichen man sich dazu befinden muss, kann man in Abbildung 3.38 eindrucksvoll erkennen. Hier wurden Goldnanopartikel für 10 Minuten bei einer Temperatur von 800 °C unter TBAs Stabilisierung ausgeheizt. Die dabei entstandenen Strukturen scheinen oberhalb des Substrates zu schweben und lassen keinen direkten Kontakt zur Oberfläche erkennen.

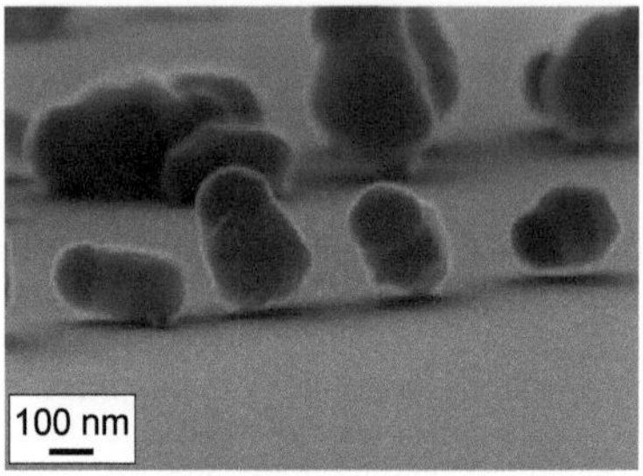

Abb. 3.38: Scheinbar schwebende Strukturen auf einem <111>Si Substrat die während eines Ausheizschrittes von Goldpartikeln bei 800 °C in 10 Minuten entstanden sind.

Die Auskristallisation der Strukturen geschieht somit zufällig, wobei das anschließende Wachstum, lokal betrachtet, bevorzugt in die <111>-Richtung stattfindet. Da allerdings die Kopplung zum Substratgitter und damit auch zwischen den einzelnen Nanodrähten fehlt, scheinen die Drähte in die verschiedensten Richtungen zu wachsen. Dieses konnte später mittels mehrerer TEM Untersuchungen bestätigt werden. Da hierbei ausschließlich ein Ausheizversuch durchgeführt wurde und eine Oxidschicht den Zugriff auf die Kristallstruktur verhindert, muss das erkennbare Material unterhalb der Au-Partikel aus Residuen der Suszeptorbelegung und den Reaktorwänden stammen. Um nur mittels eines Ausheizschrittes die Oxidschicht auf der Siliziumsubstratoberfläche zu entfernen sind, bei sonst herkömmlichen Randbedingungen, Temperaturen oberhalb von ungefähr 1000 °C notwendig.
Das sich eine weitere Erhöhung der Ausheiztemperatur positiv auf das Anwachsen in die <111>-Richtung auswirkt, zeigt die folgende Abbildung 3.39.

Abb. 3.39: GaAs Nanodrähte die zunächst 2 min bei 510 °C und im weiteren Verlauf 5 min bei 490 °C auf einem <111>Si Substrat gewachsen wurden. Vor dem Wachstumsprozess wurde diese Probe für 10 min bei einer Temperatur von 950 °C ausgeheizt.

Die Mehrzahl der Strukturen ist erkennbar in die senkrechte <111>-Richtung gewachsen. Diese Probe wurde unmittelbar vor dem Wachstum bei einer Temperatur von 950 °C für 10 Minuten ausgeheizt, wobei dieser Schritt ohne eine Gruppe-V Stabilisierung durchgeführt wurde. Erst während der folgenden Abkühlphase unterhalb von 750 °C wurde TBAs in den Reaktor geleitet. Diese spezielle Sequenz konnte aus einer großen Anzahl an Ausheizexperimenten als Optimum ermittelt werden, wobei eine solche Sequenz in ähnlicher Form unter der Verwendung von AsH_3 auch bei ganzflächigem Wachstum von InP auf Silizium angewendet wurde und zu Oberflächenrekonstruktionen führt, die für den Übergang von Si auf III/V Materialien notwendig sind [208].

Das anschließende Wachstum wurde zunächst für 2 min bei 510 °C begonnen, um die Anwachsbedingungen zu verbessern und im weiteren Verlauf für 5 min bei 490 °C fortgeführt, um additives Schichtwachstum zu reduzieren. Neben den senkrechten Drähten sind allerdings auch weitere Vorzugsrichtungen erkennbar, welche den anderen drei äquivalenten <111>-Richtungen entsprechen. Aufgrund der hohen Ausheiztemperaturen werden, bedingt durch die hohe Löslichkeit des Goldtropfes, auch (111)-Ebenen der Substratoberfläche freigelegt, die einen Winkel von 71 ° zur Senkrechten bilden. Daher ist es schwierig ausschließlich mit Hilfe eines Ausheizschrittes nur senkrechten Strukturen zu erzeugen.

Um weitere Verbesserungen im Hinblick auf ein gerichtetes Wachstum in <111>-Richtung zu erzielen wurden zuvor gewachsene MBE-Silizium Nanodrähte mit III/V Materialien weitergewachsen. Dazu wurden vom Max-Planck-Institut in Halle im Rahmen einer Kooperation Silizium-Sockel mittels MBE gewachsen. Diese wurden anschließend ohne spezielle äußere Bedingungen, also an Atmosphäre, nach Duisburg transferiert. Die vorbereitete Probe ist in Abbildung 3.40 (a) dargestellt und zeigt die hergestellten Nanosockel, die Längen von wenige 100 nm erreichen. Die unterschiedlichen Durchmesser resultieren aus einer zuvor aufgedampften Goldschicht, die während eines folgenden Ausheizschrittes als Ausgangspunkt für das anschließende MBE Wachstum diente. Anhand dieser Abbildung fällt zudem direkt auf, dass es hierbei gelungen ist, die drei äquivalenten <111>-Richtungen (vg. Abb. 3.35) zu unterdrücken. Zwar unterscheidet sich das MBE Nanodrahtwachstum deutlich zu dem klassischen VLS-Wachstum mittels MOVPE, aber auch hierbei gibt es Veröffentlichungen, die zeigen, dass eine Unterdrückung der äquivalenten <111>-Richtungen unter gewissen Randbedingungen möglich ist [16, 207]. Um ausschließlich Wachstum in die senkrechte <111>-Richtung zu erzeugen, muss vor dem Wachstumsstart gewährleistet sein, dass unterhalb des Goldpartikels keine äquivalenten (111)-Ebenen freigelegt wurden.

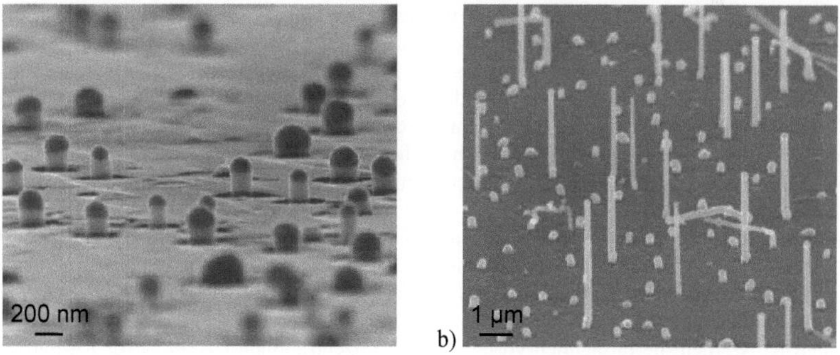

a) b)

Abb. 3.40: REM Aufnahme von MBE gewachsenen Si-Sockeln auf (111) Si Substrat (a). REM Aufnahme von GaAs Nanodrähten die auf den vorbereiteten Si-Sockeln weitergewachsen wurden (b). Vor dem Anwachsen wurde die Probe bei 850 °C für 10 min ausgeheizt.

Dementsprechend dürfen die Ausheiztemperaturen nicht zu hoch gewählt werden, wodurch die nasschemische Vorbehandlung noch mehr an Bedeutung gewinnt. Da bei dieser Probe die Wachstumsfront, also die Siliziumdrahtspitze, von den Goldpartikeln geschützt ist, sollte sich für diesen Fall die Vorbehandlung vereinfachen und zu einer reduzierten Ausheiztemperatur vor dem Weiterwachsen führen. Auch bei diesen Versuchen wurde die Ausheiztemperatur über einen weiten Bereich variiert. Das beste Ergebnis ist in Abbildung 3.40 (b) dargestellt und zeigt, dass nahezu alle weitergewachsenen Strukturen senkrecht auf der (111)-Oberfläche stehen. Diese Strukturen wurden bei 450 °C für 5 min gewachsen, nachdem die Probe zuvor für 10 min bei 850 °C unter TBAs und N_2 als Trägergas ausgeheizt wurde. Es ist zu erkennen, dass eine Vielzahl von Silizium-Sockeln nicht weitergewachsen ist, was dafür spricht, dass keine reine Gold/Silizium Grenzfläche unterhalb des Partikels existiert. Diese Beobachtung deckt sich mit Ergebnissen aus Halle, wonach sich auch an der Grenzfläche zwischen Goldpartikel und Si-Nanodraht eine dünne SiO_x-Schicht bilden kann, wenn die Probe der natürlichen Atmosphäre ausgesetzt wird.
Geht man bei diesen Experimenten zu höheren Ausheiztemperaturen, wachsen zwar mehr Strukturen an, bedingt durch die höhere Löslichkeit des Goldpartikels werden aber äquivalent zu den vorherigen Ergebnissen zusätzliche (111) Ebenen freigelegt, so dass zunehmend Wachstum in alle vier <111>-Richtungen zu beobachten ist. Eine Reduzierung der Ausheiztemperatur führt dazu, dass zunehmend weniger Strukturen weiterwachsen. Bei Ausheiztemperaturen um 600 °C ist keinerlei Wachstum der Strukturen zu beobachten. Da sich der Übergang zwischen Si und III/V Material nun im Nanodraht befindet, sind diese Proben für detaillierte TEM Analysen, wie an den Vorherigen Proben durchgeführt, besonders geeignet. Die Drähte können nach dem Abkratzen auf TEM Netzchen abgeschieden werden, so dass eine aufwändige Querschnittspräparation entfällt.

Si-Verschleppung

Um die bereits beschriebene Legierungsbildung zwischen Substrat und Au-Partikel und eine damit mögliche Si-Verschleppung in den Nanodraht zu untersuchen, wurde eine Querschnittsprobe für TEM-Analysen vorbereitet. Diese Probe wurde, wie zuvor beschrieben, bei 950 °C ausgeheizt, um einen Durchgriff auf das Substrat sicherzustellen. Abbildung 3.41 (a) zeigt eine TEM Hellfeldabbildung der vorbereiteten Probe. Durch die spezielle Probenpräparation besteht die Möglichkeit den Übergang zwischen Draht und Substrat detailliert zu untersuchen. Da die Probe für derartige Analysen bis auf wenige 10 nm gedünnt werden muss, sind darüber hinaus atomare Auflösungen des interessanten Überganges erreichbar. Um mittels dieser Arbeit ein Beitrag zur Frage der Siliziumverschleppung vom Substrat in den Nanodraht zu leisten, wurden EDS Messungen an einigen Nanodrähten durchgeführt. Zunächst wurde der Substratnahe Bereich anhand von kleineren Nanodrahtstrukturen wie in Abbildung 3.41 (b) untersucht. Der gezeigte Nanodraht wurde dabei beginnend von der Nanodrahtspitze über den sockelähnlichen Nanodrahtbereich bis hin zum Substrat vermessen. Das zugehörige EDS Ergebnis ist in Abbildung 3.41 (d) gegeben, indem alle drei Bereiche getrennt von einander zu erkennen sind.
Innerhalb der ca. ersten 40 nm dominiert das Goldsignal, welches durch eine Quantifizierung mit etwa 50 % - 60 % bestimmt werden konnte. Da bei derart präparierten Proben, im Gegensatz zu EDS Messungen an einzelnen Drähten die zuvor auf spezielle TEM-Netzchen transferriert wurden, aufgrund von Streumechanismen mit erheblicher Querempfindlichkeit zu rechnen ist, werden die tatsächlich vorliegenden Konzentrationen (> 90 % für Au-Partikel) nicht erreicht. Darüber hinaus können die Übergänge zwischen den Bereichen nicht mit entsprechender Schärfe dargestellt werden. Neben den durch Querempfindlichkeit begründeten Signalen von Gallium und Arsen wurde allerdings auch Indium in der Größenordnung von ca. 10 % detektiert, obwohl lediglich GaAs gewachsen wurde.

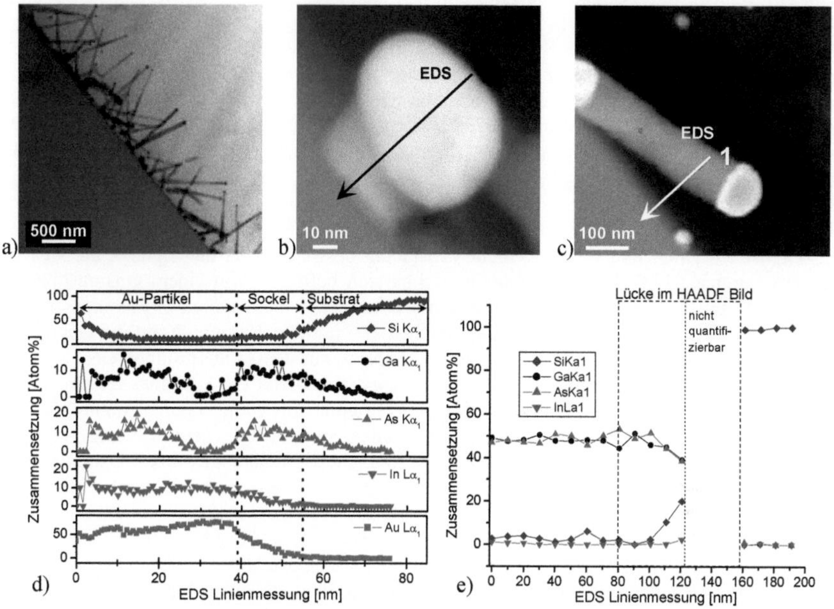

Abb. 3.41: TEM-Hellfeldabbildung einer querschnittspräparierten Probe mit GaAs Nanodrähten auf einem <111>Si Substrat (a). Vergrößerte Darstellung einer kleineren GaAs Nanodrahtstruktur mit eingezeichnetem Verlauf der EDS Linienmessung (b). Vergrößerte Darstellung einer längeren Struktur mit eingezeichnetem Verlauf der EDS Linienmessung (c). Ergebnis der EDS Liniemessung für die in (b) gezeigte Struktur (d). Ergebnis der EDS Liniemessung für die in (c) gezeigte Struktur (e) [209].

Daraus folgt unmittelbar, dass sich das Indium aus vorausgegangenen Wachstumsversuchen während des Ausheizschrittes in die Goldpartikel verschleppt. Da bei diesem Versuch extrem hohe Ausheiztemperaturen von 950 °C verwendet wurden, lässt sich dieser relativ hohe Indiumgehalt innerhalb des Goldpartikels erklären. Die erhöhte Siliziumkonzentration zu Beginn der Linienmessung hängt ebenfalls mit der Querempfindlichkeit zusammen, wobei das gesamte Signal zusätzlich dadurch verfälscht wird, dass der Elektronenstrahl auf geringes Materialvolumen trifft und somit auch Material im Hintergrund anregt. Ab etwa 40 nm steigt das Signal von Ga und As gleichermaßen an, was damit auf den GaAs Sockelbereich hinweist. Aufgrund der Querempfindlichkeit bleiben auch hier die Werte für beide Materialien deutlich unterhalb der theoretisch sinnvollen 50 %. Natürlich wird aufgrund des Verschleppungseffektes zu Beginn des Wachstums auch Indium in den Draht eingebaut. Nach etwa 20 nm ist das Indiumsignal aufgrund des limitierenden Vorrats innerhalb des Goldtropfens im Rauschsignal verschwunden. Was allerdings noch auffällt, ist eine nicht zu vernachlässigende Siliziumkonzentration im Sockelbereich, die bis hin zum Substrat kontinuierlich bis auf etwa 100 % ansteigt. Dieses Ergebnis belegt somit die Theorie, dass das Au-Partikel während des Ausheizschrittes Silizium vom Substrat aufnimmt, welches dann während des Abkühlens auf die Wachstumstemperatur zunächst in reiner Form ausscheidet und mit Beginn des eigentlichen GaAs Wachstums weiter in den Nanodraht eingebaut wird.

Um ein Maß für die Verschleppungstiefe in den Nanodraht zu erhalten wurden in weiteren Versuchen Linienmessungen in Nanodrahtbereichen durchgeführt, die einen größeren Abstand zum Substrat aufweisen. Eine dieser vermessenen Strukturen ist in Abbildung 3.41 (c) dargestellt, wobei die Liniemessung auf dem Draht beginnt, diesen seitlich verlässt und dann auf das Si Substrat trifft. Wie die Ergebnisse aus Abbildung 3.41 (e) belegen, ist im Nanodraht selbst kein messbares Silizium vorhanden. Das Signal befindet sich im Rauschbereich und steigt erst in Substratnähe stark an. Zu beachten ist hierbei allerdings, dass die Auflösungsgrenze für EDS Messungen etwa bei 2-5 Atom-% liegt, somit ist eine gewisse Siliziumverschleppung bis tief in den Draht nicht gänzlich ausgeschlossen.
Darüber hinaus ist das EDS Ergebnis in der HAADF (high angle annular dark field) Lücke, also zwischen Draht und Substrat, nicht vollständig auswertbar, da die Signale, die sich in diesem Bereich natürlich teilweise im Rauschbereich befinden, von einem entsprechenden Programm zu 100 % addiert werden und somit eine stark fehlerbehaftete Zusammensetzung liefern. Der Anstieg des Siliziumsignals zwischen 100 nm und 120 nm ist auf die Querempfindlichkeit zurückzuführen und stammt vom Si Substrat aus dem Hintergrundbereich.
Um zu klären, ab welchem Punkt entlang einer Nanodrahtstruktur das Si-Signal verschwindet, wäre eine Linienmessung entlang einer längeren Struktur notwendig. Leider konnte bei den präparierten Proben keine Drähte lokalisiert werden, die sowohl einen frei zugänglichen Übergang zum Substrat hatten und gleichzeitig eine gewisse Länge aufwiesen. Daher konnte eine Si-Verschleppung in diesen Experimenten lediglich qualitativ nachgewiesen werden. Um genaue Aussagen über die Reichweite dieses Effektes treffen zu können, sind daher weiterführende Untersuchungen notwendig. Festzuhalten bleibt, dass GaAs Nanodrähte erfolgreich auf Silizium gewachsen werden konnten, wobei die nasschemische Vorbehandlung, sowie der Ausheizschritt vor dem eigentlichen Wachstum einen entscheidenden Einfluss auf das Anwachsen und das gerichtete Wachstum in die <111>-Richtung haben. In diesem Zusammenhang konnten die besten Ergebnisse durch die Verwendung der mit der MBE vorgewachsen Silizium-Sockel in Kombination mit einem zehnminütigem Ausheizschritt bei 850 °C erzielt werden.

3.3 Dotierung von Nanodrähten

Bisher wurde in dieser Arbeit das Wachstum von nominell undotierten Strukturen behandelt. Die Dotierung von Halbleitermaterialien bildet allerdings die Grundlage für die Entwicklung verschiedenster elektronische Bauelemente und ist daher auch für Nanodrähte von größter Bedeutung. Im Rahmen dieser Arbeit wurden zwei Ansätze verfolgt um die Nanodrähte mit Fremdatomen gezielt zu dotieren. Neben dem Dotierstoffangebot während des Wachstums, wurde ebenfalls die Ionenimplantation an zuvor gewachsenen Drähten angewendet.

3.3.1 Dotierungsexperimente in der MOVPE

Durch die Zugabe verschiedener Dotierstoffe erhöht sich die Elementvielfalt, so dass nun weitere Komponenten während des Wachstums berücksichtigt werden müssen. Je nach Dotierstoffmaterial stellt sich daher die Frage, wie und auf welchem Weg der Dotierstoff überhaupt in den Draht gelangt. Dabei ist ebenfalls in Abhängigkeit des Dotierstoffes zu klären, ob bei den vorliegenden Temperaturen eine ausreichende Zerlegung gegeben ist und in welcher Art und Weise eine Wechselwirkung mit dem Wachstumskeim stattfindet. Dabei muss wiederum differenziert werden, ob sich das Nanodrahtwachstum mit dem jeweiligen Dotierstoffeinbau über ein Phasendiagramm beschreiben lässt oder aber mit Diffusionsmechanismen zusammen hängt, die wiederum mit der Löslichkeit innerhalb des Wachstumskeimes und dem Konzentrationsgradienten gekoppelt ist.

Im folgenden werden die Einflüsse auf das VLS-Wachstum untersucht, die sich aufgrund des zusätzlichen Materialangebotes innerhalb verschiedener Materialsysteme ergeben. Während dieser Arbeit wurde der Dotierungseffekt von Standard-Quellen wie Ditertiärbutylsilan (DitBuSi), Kohlenstofftetrabromid (CBr_4) und Diethylzink (DEZn) während des Wachstums von GaAs und InAs Nanodrähten untersucht.

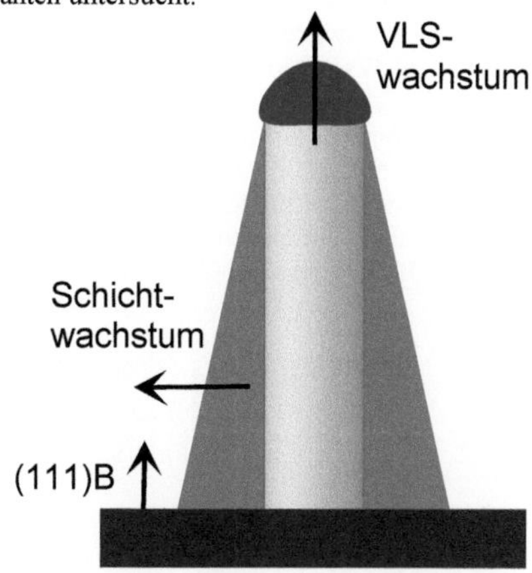

Abb. 3.42: Nanodrahtmodell zur Verdeutlichung der Dotierungsproblematik. Das Dotierungsergebnis muss für den VLS „Kern" und dem VS gewachsenem „Mantel" separat betrachtet werden.

Dabei wurde die Leitfähigkeit gezielt dahingehend untersucht, ob diese auf den VLS gewachsenen Draht oder eines zusätzlich gewachsenen Mantels, also additivem Schichtwachstum, zurückzuführen ist. Das Modell in Abbildung 3.42 zeigt, welche Schwierigkeiten aus der Überlagerung dieser zwei Wachstumsmechanismen auftreten können. Der Dotierungsmechanismus in lateraler und vertikaler Wachstumsrichtung kann stark unterschiedlich sein, was gerade im Hinblick auf eine genaue Charakterisierung eine große Herausforderung darstellt. Allerdings bieten sich durch diese unterschiedlichen Dotierungsmechanismen auch Chancen, wie z. B. die Herstellung von pn-Übergängen in radialer Richtung.

GaAs

Die meisten Dotierungsversuche wurden für das Materialsystem GaAs durchgeführt. Dabei wurde versucht eine p- sowie eine n-Dotierung zu erzielen, um die Entwicklung konsequent in Richtung Wachstum von pn-Übergängen voranzutreiben. CBr_4 und DEZn wurden zur p-Dotierung verwendet, während DitBuSi für eine n-Dotierung getestet wurde. Das Dotierstoff- zu Gruppe-III-Verhältnis wurde dabei zwischen II/III = 0,007 und 0,069 für DEZn, zwischen IV/III = 0,021 und 0,412 für CBr_4, und zwischen IV/III = 0,291 und 0,406 für DitBuSi variiert. Als Wachstumskeime wurden alle Typen von Goldpartikel verwendet. Die Dotierung der Nanodrähte wurde in einem Temperaturbereich zwischen 400 °C und 480 °C untersucht. Die Dotierstoffquellen wurden während der Wachstumsversuche simultan mit der Gruppe-III-Quelle ein-, bzw. abgeschaltet.
Um die Dotierung während des reinen VLS Wachstums zu untersuchen, wurden GaAs Nanodrähte bei 400 °C gewachsen, bei denen, bedingt durch die relativ geringe Wachstumstemperatur, ein additives Schichtwachstum nahezu vollständig unterdrückt werden kann.

Um dabei das Anwachsen in die <111>-Richtung zu verbessern, wurde wie bereits in Kapitel 3.1.1 beschrieben zunächst ein kurzes Stück GaAs bei 450 °C gewachsen, wobei dieses noch nominell undotiert ist. Nach der Temperaturreduzierung wurden dann die Dotierstoffe gemeinsam mit dem TMGa in den Reaktor geleitet. REM Aufnahmen von Nanodrähten unter der Zugabe von CBr_4, sowie von DitBuSi zeigten für alle verwendeten IV/III-Verhältnisse keinen erkennbaren Einfluss auf die Nanodrahtform. Die Wachstumsergebnisse bezüglich Nanodrahtstruktur, Orientierung und Wachstumsrate liefern äquivalente Ergebnisse zu denen in Kapitel 3.1.1. Auch die spätere elektrische Charakterisierung (siehe 4.1) ergab keinen messbaren Einfluss verglichen mit nominell undotierten GaAs Nanodrähten.
Die Verwendung von DEZn hingegen zeigt, in Abhängigkeit vom Zinkangebot, einen erheblichen Einfluss auf die Kristallstruktur der Nanodrähte, sowie auch auf die elektrischen Eigenschaften (siehe Kapitel 4.1). Die REM Aufnahmen in Abbildung 3.43 zeigen Wachstumsergebnisse für drei verschiedene II/III-Verhältnisse, die den starken Einfluss mit steigendem DEZn-Fluss erkennen lassen.

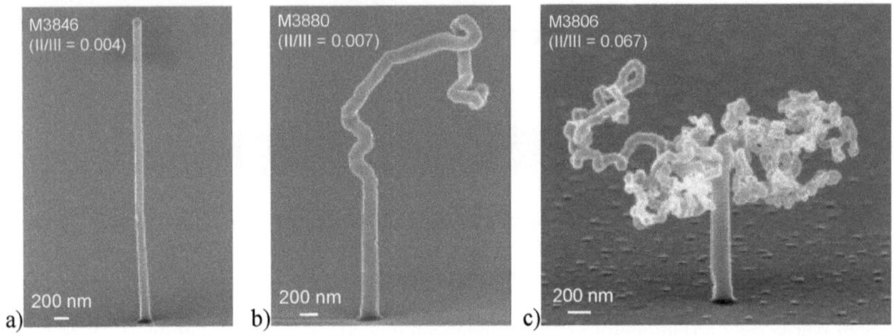

Abb. 3.43: REM-Aufnahmen von GaAs Nanodrhähten, die bei 400 °C gewachsen mit verschiedenem DEZn Angebot gewachsen wurden. [II/III = 0,004 (a), 0,007 (b), 0,067 (c)] Der untere Nanodrahtteil ist zunächst bei 450 °C ohne DEZn Angebot gewachsen worden.

Während ein II/III Verhältnis unterhalb von 0,004 zu geraden, senkrecht wachsenden Strukturen ohne Abknicken führt (a), verursacht eine Erhöhung des DEZn-Flusses ein ungerichtetes, „verschnörkeltes", Wachstum (b). Eine weitere Erhöhung des Zinkangebots sorgt für eine Aufsplittung des Goldpartikels in mehrere kleinere Partikel, die das Wachstum im folgenden ungerichtet fortführen (c). Dieser Effekt könnte auf einen überhöhten Zinkgehalt innerhalb des Nanopartikels zurückzuführen sein, was wiederum zu einer überproportionalen Auskristallisation von Zink führt und somit Instabilitäten während der Nanodrahtnukleation an der Wachstumsfront verursacht. Im Vergleich zur konventionellen Schichtepitaxie sind die hier verwendeten II/III-Verhältnisse deutlich geringer. Trotzdem macht sich die Wechselwirkung zwischen dem Goldpartikel und dem DEZn-Angebot bei diesen geringen Flüssen, die sich im unteren Grenzbereich der Massenflussregler befinden, bereits deutlich bemerkbar. Die im Vergleich zu TMGa höhere Zerlegungseffizienz von DEZn bei 400 °C sorgt somit für ein lokal hohes Zinkangebot was bei entsprechenden DEZn-Flüssen für die verschnörkelten Strukturen verantwortlich ist.
Um die elektrischen Eigenschaften, die in Kapitel 4 diskutiert werden, genauer zu untersuchen, wurden im weiteren Verlauf GaAs Nanodrähte bei 400 °C unter DEZn Angebot mittels einer zuvor aufgedampften Goldschicht gewachsen, was zu Nanodrähten mit verschiedenen Durchmessern von 30 nm bis hin zu einigen 100 nm führt. In Abbildung 3.44 ist ein entsprechendes Wachstumsergebnis dargestellt. Die Mehrzahl der Strukturen ist senkrecht gewachsen und weist keinerlei Knicke auf.

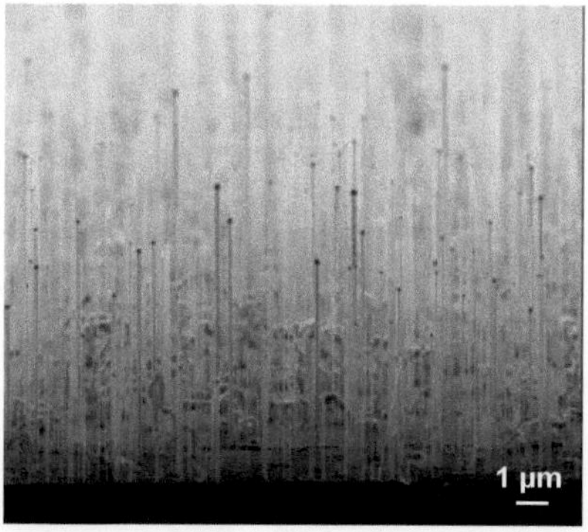

Abb. 3.44: REM-Aufnahme von bei 400 °C gewachsen GaAs Nanodrhähten mittels einer zuvor aufgedampften, 2,5 nm dicken Au-Schicht, und einem II/III-Verhältnis von 0,008. Zu Beginn wurden die Drähte auch hier bei 450 °C ohne DEZn Angebot angewachsen.

Lediglich Strukturen mit größeren Durchmessern (hier > 300 nm) zeigen in Abhängigkeit vom II/III-Verhältnis verschnörkeltes Wachstum in Substratnähe. Dennoch eignen sich diese Proben bestens für eine durchmesserabhängige elektrische Charakterisierung. Wachstumsexperimente zwischen 450 °C und 490 °C zeigten keinen sichtbaren morphologischen Einfluss in Abhängigkeit vom Dotierstoffangebot. Selbst bei höheren DEZn Flüssen traten keinerlei Effekte auf, die mit den Ergebnissen bei 400 °C vergleichbar waren. Da die Wachstumsrate der GaAs Nanodrähte bei den nun eingestellten, höheren, Temperaturen deutlich größer ist, sinkt somit das lokal vorhandene Zinkangebot. Daher sollten äquivalente Effekte erst zu deutlich höheren II/III-Verhältnissen auftreten, die aber im Rahmen dieser Arbeit nicht eingestellt wurden. Die erhöhten Wachstumstemperaturen führen unabhängig vom verwendeten Dotierstoffangebot, wie schon in Kapitel 3.1.1 beschrieben, zu getaperten Strukturen. Dieses muss wie in Kapitel 4 genauer beschrieben wird, bei der späteren elektrischen Charakterisierung speziell berücksichtigt werden. Während bei der Verwendung von DitBuSi erneut keine Leitfähigkeitssteigerung messbar war, konnte unter der Verwendung von CBr4 und DEZn eine Leitfähigkeitszunahme um etwa eine Größenordnung festgestellt werden (siehe 4.1). Eine erfolgreiche n-Dotierung von GaAs Nanodrähten mittels Silizium konnte, unter den in dieser Arbeit verwendeten Randbedingungen, nicht erreicht werden.

InAs

Wie aus der Literatur bekannt, ist das Fermilevel für den Halbleiter InAs an der Oberfläche im Leitungsband gepinnt, was wiederum zu einer Akkumulation von Elektronen im oberflächennahen Bereich führt. Diese Tatsache lässt schon im Voraus erahnen, das sich eine p-Dotierung von InAs Nanodrähten schwierig gestaltet, bzw. schwer nachzuweisen ist. Wie die späteren Ergebnisse in Kapitel 4 zeigen, weisen InAs generell eine hohe n-typ Leitfähigkeit auf, die dabei weitestgehend unabhängig vom verwendeten Dotierstoffangebot ist. Auch die Variation des Si-Angebotes während des Wachstums ließen keine Leitfähigkeitsänderungen erkennen. Auch strukturell konnten keine Einflüsse des Dotierstoffangebotes auf das Wachstum der InAs Nanodrähte beobachtet werden, egal ob DitBuSi, DEZn oder CBr4 in unterschiedlichen Konzentrationen angeboten wurde. Somit weisen die InAs Nanodrähte eine dominierende n-Leitfähigkeit auf, die entweder durch eine Kohlenstoffhintergrunddotierung, oder eben durch das bereits erwähnte Fermilevelpinnig hervorgerufen wird.

(In)GaAs (Hülle)

Um innerhalb von Nanodrähten auch zu einstellbaren n-Dotierungen zu gelangen, wurde im folgenden die Kombination aus VLS- und konventionellem Schichtwachstum gezielt ausgenutzt. Dazu wurde mit bekannten Parametern zunächst, wie schon in Kapitel 3.1.1 beschrieben, ein undotierter GaAs Nanodraht im VLS Modus gewachsen. Anschließend wurde die Reaktortemperatur erhöht und mittels bekannter Wachstumsparameter aus der Schichtepitaxie [159] und unter der Verwendung der DitBuSi Dotierstoffquelle eine nominell n-dotierte GaAs, bzw. n-InGaAs Hülle um den zuvor gewachsenen GaAs Kern gewachsen.
Abbildung 3.45 (a) zeigt eine REM-Aufnahme von GaAs Nanodrähten, die nach diesem Prinzip mit n-GaAs ummantelt wurden.

a)
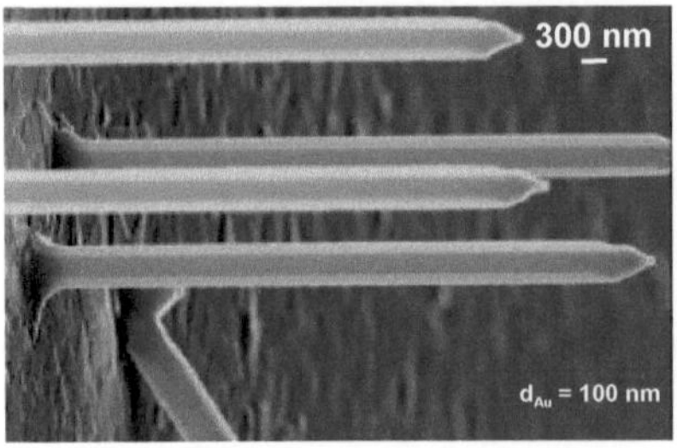

b)

Abb. 3.45: REM-Aufnahmen von GaAs Nanodrähten, die bei einer Temperatur von 650 °C mit n-GaAs (a), bzw. bei 620 °C mit n-InGaAs (b) umwachsen wurden. Der GaAs Nanodrahtkern wurde zuvor bei 400 °C innerhalb von 30 min mittels VLS-Methode gewachsen.

Zunächst wurde dazu ein GaAs Fuß für 3 min bei 450 °C auf dem verwendeten (111)B GaAs Substrat angewachsen und anschließend der eigentliche GaAs Kern bei 400 °C für 30 min gewachsen. Nach der Temperaturerhöhung auf 650 °C und dem damit verbundenem Wechsel zum konventionellen Schichtwachstum wurde der zuvor gewachsenen GaAs Draht innerhalb von 6 min mit nominell n-dotierten GaAs ummantelt. Hierbei wurde ausschließlich TMGa als Quellenmaterial verwendet. Das IV/III Verhältnis wurde während des Hüllenwachstums auf 0,55 eingestellt. Zum Wachstum wurden 100 nm große Goldpartikel aus einer kolloidalen Lösung verwendet, die an den Nanodrahtspitzen der ummantelten Struktur weiterhin erkennbar sind. Die Strukturen weisen bei Längen bis zu einigen µm eine Ummantelung von etwa 300 nm auf. Neben der Materialablagerung an den Nanodrähten ist darüber hinaus zu erkennen, dass auch auf der nanodrahtfreien Substratfläche ein inselförmiges Wachstum stattfindet.
Für den Fall der n-InGaAs Umhüllung wurden Wachstumsbedingungen eingestellt, die bei konventionellem Wachstum auf (100) InP Substrat ein Indium Gehalt von etwa 53 % und eine n-Dotierung im Bereich von $2x10^{19}$ cm^{-3} ergeben würde. Daher wurde auch TEGa während des Hüllenwachstums verwendet, welches hier standardmäßig zum Wachsen von InGaAs Schichten eingesetzt wird. Da es sich bei den Nanodrähten allerdings um GaAs Material handelt, und darüber hinaus die Seitenfacetten keine (100) Orientierung aufweisen, ist mit Abweichungen von den nominellen Werten zu rechnen.
Abbildung 3.45 (b) zeigt Strukturen, die im letzten Schritt bei 620 °C innerhalb von 6 min mit n-InGaAs umhüllt wurden. Hierbei wurde ein IV/III Verhältnis von 0,08 eingestellt und 50 nm große Goldpartikel aus einer kolloidalen Lösung verwendet. Die Strukturen sind ebenfalls einige µm lang, wobei die Ummantelung mit etwa 150 nm nur halb so dick ist wie bei der reinen GaAs Ummantelung, was aber aufgrund der Verwendung von TEGa anstelle von TMGa nicht unmittelbar vergleichbar ist.

Spätere EDS Messungen an einzelnen n-InGaAs/GaAs Nanodrähten zeigten, dass die Indium-Konzentration des n-InGaAs Mantels im Bereich von 70 % liegt, was etwa 20 % über dem zuvor angestrebten Wert liegt. Allerdings stellen diese ermittelten EDS Daten nur Richtwerte dar, da diese im Rasterelektronenmikroskop ohne Driftkorrektur ermittelt wurden und daher eine erhöhte Ungenauigkeit bestehen bleibt. Darüber hinaus konnte in weiteren Experimenten beobachtet werden, dass eine Verbiegung der n-InGaAs/GaAs Kern-Mantel Nanodrähte proportional zur Gitterfehlanpassung auftritt. In Kapitel 4 wird der Dotierstoffeinbau in Abhängigkeit vom In-Gehalt anhand von elektrischen Messungen diskutiert. Um den Ursprung der hierbei erzielten n-Leitfähigkeit zu untersuchen, wurden des Weiteren Referenzproben ohne das Angebot von DitBuSi gewachsen.

pn-Übergänge

Um die bis hierher gewonnen Dotierungsergebnisse für einen pn-Übergang und der damit verbundenen Möglichkeit zur Lichterzeugung zu verwenden, wurden im folgenden die Ergebnisse der gewachsenen n-InGaAs Kern-Mantel-Struktur mit einem anschließenden Wachstum von p-GaAs:Zn, welches erneut im VLS Modus stattfand, kombiniert. Lediglich der Nanodrahtkerndurchmesser wurde durch Verwendung entsprechender Au-Partikel von 50 nm auf 100 nm bzw. 150 nm vergrößert. Nach der erfolgreichen Ummantelung, wie in Abbildung 3.45 gezeigt, wird die Wachstumstemperatur wieder auf 400 °C reduziert, um somit im VLS-Modus und unter dem zusätzlichen Angebot von DEZn erneut den GaAs Nanodraht weiterzuwachsen. Abbildung 3.46 zeigt eine nach diesem Schema gewachsene Struktur, in der nun sowohl ein n-, als auch p-dotierter Bereich vorhanden sein sollte.

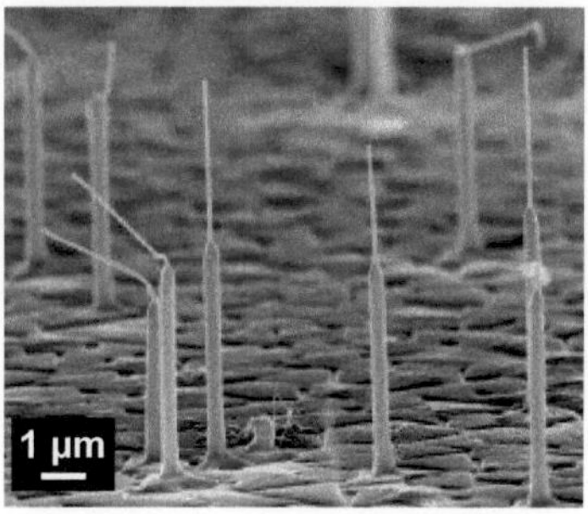

Abb. 3.46: REM-Aufnahmen von GaAs/n-InGaAs Nanodrähten (hier d_{Au} = 100/150 nm), die äquivalent zu denen in Abb. 3.45 gewachsen wurden. Anschließend wurde unter DEZn Angebot erneut GaAs bei 400 °C im VLS Modus weitergewachsen.

Während der n-InGaAs Ummantelung wurde erneut ein IV/III Verhältnis von 0,08 eingestellt. Das DEZn Angebot wurde bei diesem Versuch durch ein II/III Verhältnis von 0,004 festgelegt, wobei dieser Wert natürlich mit den zuvor erzielten Ergebnisse für das p-GaAs:Zn korreliert. Es ist zu erkennen, dass ein Großteil der Strukturen nach der Abkühlphase abknickt und somit nicht senkrecht in die <111> Richtung weiterwächst. Zum einen kann dies, wie schon zuvor beschrieben, mit dem Zinkangebot zusammenhängen, darüber hinaus kann aber auch die Aufsättigung des Goldtropfens mit Indium und der damit verbundenen Legierungsbildung während des Mantelwachstums für ein späteres Abknicken verantwortlich sein. Neben der Möglichkeit einen pn-Übergang innerhalb eines Drahtes zu realisieren, wurde in einem zweiten Ansatz ein n-dotiertes GaAs Substrat mit dem Wachstum von p-dotierten GaAs Nanodrähten kombiniert.

In diesem Fall muss nur eine der beiden Dotierungstypen innerhalb eines Nanodrahtes realisiert werden. Da für eine spätere Charakterisierung allerdings auch das Substrat, welches die n-Seite bildet, kontaktiert werden muss, wurde im Rahmen dieser Arbeit ein spezieller Maskensatz verwendet. Dieser ermöglicht es ein gewachsenes Nanodrahtensemble, bei gleichzeitigem Substratzugriff, von oben zu kontaktieren. Abbildung 3.47 zeigt das Prinzipbild (a), sowie die REM Aufnahme einer Probe (b), die mit Hilfe dieser Technologie hergestellt wurde. Aus prozesstechnischen Gründen wurde hierbei eine kürzere Wachstumszeit verwendet, um eine maximale Nanodrahtlänge von etwa 1 µm nicht zu überschreiten. Die Goldpartikel wurden in diesem Fall durch Ausheizen einer zuvor aufgedampften, 2,5 nm dünnen, vorstrukturierten, Goldschicht erzeugt. Die genauen Prozessschritte sollen hier nicht näher betrachtet werden und sind in [210] gegeben.

a) b)

Abb. 3.47: Prinzipbild (a) und REM-Aufnahme (b) von topkontaktierten GaAs Nanodrähten auf (111)B n-GaAs Substrat. Die gewachsenen Strukturen wurden mit Hilfe konventioneller Prozesstechnologie kontaktiert. Die Strukturen wurden bei 400 °C innerhalb von 2 min 30 s unter DEZn Angebot gewachsen.

Die Strukturen wurden bei einer Temperatur von 400 °C unter gleichzeitigem DEZn Angebot innerhalb von 2 min 30 s gewachsen.
Die elektrischen Eigenschaften der hier erzeugten pn-Übergänge, sowohl innerhalb eines Drahtes, als auch für die 2-te Variante mittels Top-Kontakt, sind in Kapitel 4 (Seite 95) gegeben.

3.3.2 Ionenimplantation

Neben der Dotierung während des Wachstums oder durch anschließende Diffusionsprozesse bietet sich mit der Ionenimplantation eine weitere Möglichkeit für eine kontrollierte Dotierung in Nanodrähten [211, 212, 213, 214].
Die Ionenimplantation ist eine etablierte Technik in der Halbleitertechnologie, die eine exakt kontrollierbare Dotierstoffkonzentration bei einer nahezu freien Dotierstoffwahl ermöglicht. Ein Nachteil dieses Verfahrens ist, dass durch die Bestrahlung diverse Kristalldefekte generiert werden, die einen anschließenden Ausheilschritt notwendig machen, um die Schädigungen zu beseitigen [212].
Als alternativer Ansatz zur Dotierung von Nanodrähten während des Wachstums, wurde die Ionenimplantation angewendet, um Zink-Atome in GaAs einzubauen, was zu einer p-typ Leitfähigkeit führt.

Die Morphologie, bzw. die Struktur sowie die elektrischen Eigenschaften sind mittels REM und I/U Messungen charakterisiert worden, wobei die elektrischen Eigenschaften im anschließenden Kapitel 4 diskutiert werden.
Um nach dem Wachstum von GaAs Nanodrähten überhaupt eine anschließende Ionenimplantation zu ermöglichen, sind zunächst nominell undotierte GaAs Nanodrähte, wie bereits in Kapitel 3 beschrieben, auf GaAs gewachsen worden. Allerdings wurden hierfür (100) orientierte Wafer verwendet, da die Nanodrähte bevorzugt in die <111>-Richtung wachsen und somit einen Winkel von 35,3 ° zur Substratoberfläche bilden, der eine ideale Voraussetzung für den anschließenden Beschuss mit Ionen darstellt. Die schematische Darstellung in Abbildung 3.48 verdeutlicht das zugrunde liegende Prinzip.

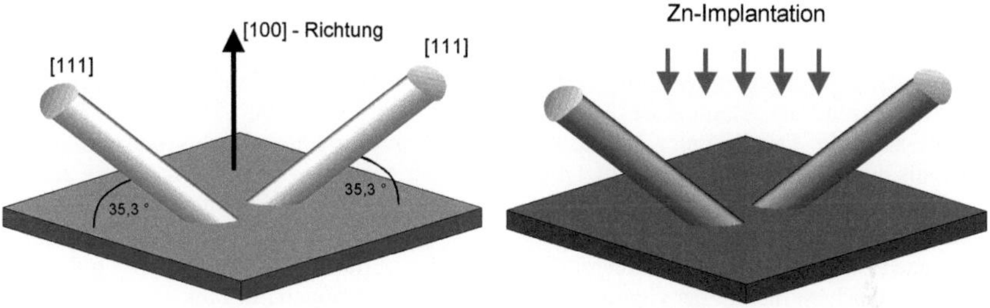

Abb. 3.48: Prinzip der Dotierung von Nanodrähten mittels Ionenimplantation.

Aufgrund der starken Oberflächenverarmung für das Halbleitermaterial GaAs wurden relativ große Gold Nanopartikel mit einem 150 nm Durchmesser verwendet, um damit genug Volumen für die Ladungsträgerbewegung bereitzustellen.
Erste Versuche zeigten, dass ein Großteil der Goldpartikel während des Wachstums scheinbar an der Oberfläche des Substrates haften bleibt, und die Nanodrähte daher gar nicht oder erst sehr spät in die <111>-Richtung wachsen. Diese Eigenschaft verursacht wiederum Wachstum entlang der Oberfläche, also in die beiden Projektionen der <111>-Richtung. Dieses Verhalten ist in Abbildung 3.49 (a) zu erkennen, welche einen Draht zeigt, der sich während der gesamten Wachstumszeit entlang der Substratoberfläche bewegt, sowie eine weitere Struktur, die erst nach Start entlang der Oberfläche spontan in die <111>-Richtung weiterwächst.

a) 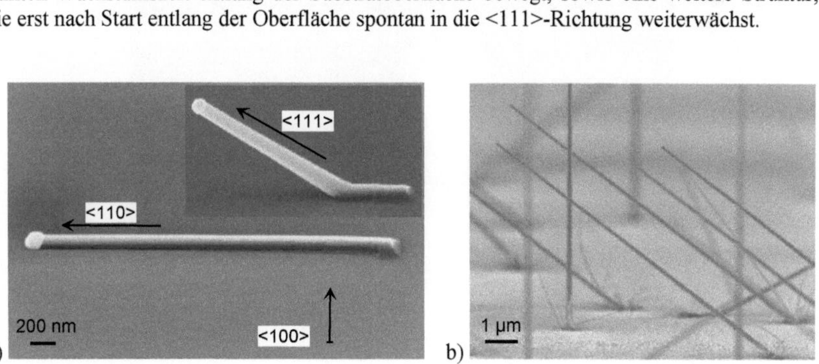

b)

Abb. 3.49: REM Aufnahmen von GaAs Nanodrähten auf <100> GaAs Substrat. Die GaAs Strukturen wachsen erst spät oder gar nicht in die <111>-Richtung und somit entlang der <111> Projektionsebene (a). Durch einen zusätzlichen Trockenätzschritt wird das Haften der Goldpartikel auf der Substratoberfläche während des Wachstums verhindert (b).

Offenbar liegt hier aufgrund der großen Kontaktfläche von Nanopartikel und Substrat Wachstum in <110>-Richtung vor und unterdrückt zumindest teilweise das eigentlich bevorzugte Wachstum in die <111>-Richtung. Wachstum in die <110> Richtungen wurde bereits in anderen Arbeiten beobachtet und wurde mit stressinduzierten Änderungen innerhalb der freien Oberflächenenergie begründet [69]. Obwohl der Grund für die spontane Änderung des Wachstums in die <111>-Richtung unbekannt ist [215], konnte durch einen zusätzlichen Trockenätzschritt, direkt nach aufbringen der Partikel erreicht werden, dass die Goldpartikel nicht mehr auf der Oberfläche haften bleiben und somit die Nanodrähte wieder überwiegend in die <111>-Richtung wachsen. Dabei wird aktuell davon ausgegangen, dass der physikalische Ätzabtrag zu einer Amorphisierung der freien Substratoberfläche führt und somit das Wachstum in die <110>-Richtungen verhindert. In der REM Aufnahme in Abbildung 3.49 (b) ist zu erkennen, dass neben dem bevorzugten Wachstum in <111>-Richtung keinerlei Goldpartikel auf der Oberfläche verbleiben. Die Ausfransungen am Nanodrahtfuß sind das Resultat einer geringen Schädigung und der damit verbundenen Aufsplittung des Randbereiches der Goldpartikel während des Ätzprozesses, was sich jedoch nicht negativ auf die weiteren Prozessschritte auswirkt. Des Weiteren konnte eine zweite Vorzugsrichtung beobachtet werden, die ebenfalls nur in Verbindung mit dem Trockenätzschritt auftritt. Wodurch genau diese zusätzliche Wachstumsrichtung hervorgerufen wird ist nicht geklärt. In der Literatur wurden vergleichbare Eigenschaften bisher nicht gezeigt.

Die nach diesem Prinzip vorbereiteten Proben wurden in Kooperation mit dem II. Physikalischem Institut der Georg-August-Universität Göttingen mit Zink als Akzeptor mit Konzentrationen bis zu $3{,}5\times10^{18}$ cm^{-3} dotiert. Für Details zum Implantationsprozess sei auf folgende Arbeiten verwiesen [216, 217].

Die durch den Beschuss mit Zink-Ionen stark beschädigten bzw. amorphisierten Nanodrähte wurden zur Reduzierung der Defekte erneut innerhalb der MOVPE Anlage bei einer Temperatur von 800 °C für 30 min, bei gleichzeitigem TBAs Überdruck zum Schutz der GaAs Oberfläche, ausgeheilt. Mittels TEM Untersuchungen konnten sowohl die Amorphisierung, sowie eine nahezu vollständige Rekristallisierung der Drähte nach dem Ausheilschritt gezeigt werden [217].

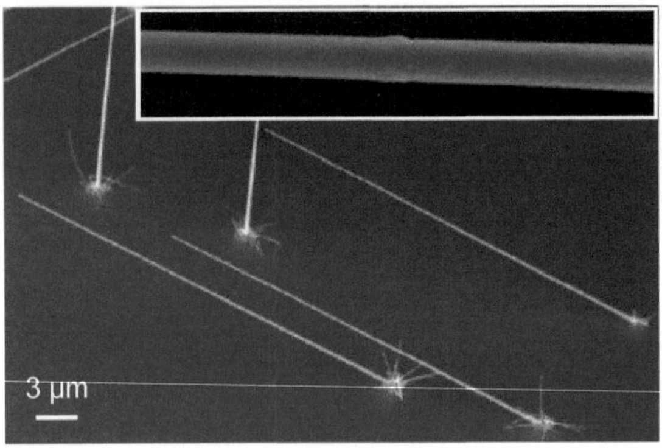

Abb. 3.50: REM Aufnahme von implantierten und weitergewachsenen GaAs Nanodrähten auf (100) GaAs Substrat. Das Inset zeigt sowol den implantierten (rechts), als auch den weitergewachsenen Bereich (links), die aufgrund der Oberflächenbeschaffenheit deutlich zu unterscheiden sind.

Zur anschließenden elektrischen Charakterisierung wurden die ausgeheilten Strukturen auf speziell isolierte Trägersubstrate transferiert und mittels Elektronenstrahllithographie kontaktiert. Die Ergebnisse dazu sind im Folgenden Kapitel 4 zusammengefasst.
Zusätzlich zur eigentlichen Dotierungsprozedur konnte ein anschließendes Weiterwachsen der ausgeheilten Strukturen erfolgreich demonstriert werden. Mittels REM Untersuchungen (Abb. 3.50) konnten die weitergewachsenen Nanodrahtbereiche zum einen über die Drahtlänge identifiziert werden. Zum anderen ist der Übergang zwischen dem implantierten und dem weitergewachsenen Bereich anhand von Oberflächenbeschaffenheit und Defekten an der Grenzfläche erkennbar. Der implantierte Bereich zeigt, wie im Inset der Abbildung 3.50 zu sehen, eine deutlich höhere Oberflächenrauhigkeit.

4 Eigenschaften von III/V Nanodrähten

Neben den kristallinen Eigenschaften, die bereits in Kapitel 3 behandelt wurden, sind auch elektrische und optoelektronische Eigenschaften der gewachsenen Nanodrähte untersucht worden. Im Hinblick auf die elektrische Leitfähigkeit der Strukturen stellen allerdings die speziellen Abmessungen der Drähte die ersten großen Herausforderungen dar. Neben der schwierigen Charakterisierung ist das Oberflächen-Volumenverhältnis bei den Nanodrähten deutlich erhöht. Daher ist in Abhängigkeit vom jeweiligen Material im Vorfeld mit Abweichungen gegenüber des entsprechenden Volumenmaterials zu rechnen. Bei GaAs Oberflächen ist das Fermilevel innerhalb der Bandlücke gepinnt, was zu einer Verarmung der Oberfläche führt. Daher ist für Nanodrähte aus GaAs nur eine sehr geringe Leitfähigkeit zu erwarten. Im Gegensatz dazu ist das Ferminiveau bei InAs-Oberflächen im Leitungsband gepinnt, was auch schon bei intrinsischen Drähten zu einer Anreicherung mit Elektronen führt. Darüber hinaus müssen je nach Materialsystem geeignete Kontaktmetallisierungen verwendet werden, die nicht zusätzliche Barrieren für die Ladungsträger erzeugen. Eine zusätzliche Dotierung der Nanodrähte ist daher für elektrische Bauelemente unbedingt notwendig. Beispielsweise müssen innerhalb des Materials GaAs hohe Dotierungen erzeugt werden um bei geringen Durchmessern überhaupt eine Leitfähigkeitssteigerung zu erreichen, bzw. der Verarmung entgegenzuwirken.

4.1 Elektrische Eigenschaften

Um die gewachsenen Strukturen elektrisch zu charakterisieren, wurden diese auf vorbereitete Trägersubstrate transferiert und anschließend flach liegend und einzeln mit Hilfe der Elektronenstrahllithographie kontaktiert. Dafür wurden die gewachsenen Nanodrähte zunächst mit Hilfe eines Skalpells von der Oberfläche gekratzt und in Isopropanol dispergiert. Diese Dispersion wurde anschließend auf ein vorstrukturiertes GaAs Trägersubstrat geträufelt, so dass die Nanodrähte flach auf der Oberfläche zum Liegen kommen. Zur zusätzlichen elektrischen Isolation wurden die Trägersubstrate zuvor standardmäßig mit einer Siliziumnitridschicht (SiN_x) bedeckt. Die anschließende Lokalisierung sowie die Strukturierung des Fotolackes mittels Elektronenstrahllithographie ist ein sehr aufwändiger serieller Prozess. Mit der abschließenden Metallisierung bildet somit jeder, auf diese Weise, kontaktierte Draht ein individuelles Bauelement. Als Beispiel ist in Abbildung 4.1 ein mit vier Kontakten versehener Nanodraht abgebildet.

Abb. 4.1: REM Aufnahme eines mit vier Kontakten mittels Elektronenstrahllithographie und Fotolacktechnologie prozessierten Nanodrahtes.

Dieser wurde vor der Kontaktierung zunächst flach auf ein Trägersubstrat abgelegt und anschließend kontaktiert. Durch das aufdampfen der Metalle drückt sich die Form des Nanodrahtes bis zur Oberseite der Metallisierung durch. Obwohl es in der Abbildung den Anschein hat, als würde der Nanodraht über die Kontakte laufen, liegt der Draht natürlich unterhalb der vier Kontaktstreifen.
Diese Arbeiten wurden maßgeblich von Kai Blecker und Christoph Gutsche durchgeführt, die sich im speziellen mit der Elektronenstrahllithografie sowie der anschließenden elektrischen Charakterisierung befassen.

4.1.1 Dotierung während des Wachstums

GaAs

Wie bereits in den Grundlagen beschrieben, stellt die Dotierung von Nanodrähten eine besondere Herausforderung dar. Im ersten Schritt der Dotierungsversuche wurde die naheliegendste Möglichkeit zum Dotierstoffeinbau, also während der Epitaxie „in situ", durchgeführt. Um einen möglichen Dotierstoffeinbau, der ausschließlich während des VLS-Prozesses stattfindet, zu untersuchen, wurden zunächst ungetaperte GaAs-Nanodrahtstrukturen untersucht, die bei einer Wachstumstemperatur von 400 °C gewachsen wurden.
Dabei ist allerdings zu beachten, dass es in GaAs aufgrund eines vorhandenen Oberflächenpotentials φ_s und des damit verbundenen Pinnings des Fermilevels in der Bandlückenmitte zur Ausbildung einer Oberflächenverarmung kommt, die stark von der Ladungsträgerkonzentration abhängt [218, 219]. Welche Auswirkungen dieses auf einen GaAs Nanodraht hat, zeigt der Zusammenhang in Abbildung 4.2, der ein Verarmungs-Modell mittels Poissongleichung beschreibt. Das Oberflächenpotenzial ist ein wichtiger Parameter in diesem Modell und hängt von der Orientierung der Kristalloberfläche ab. Da derzeit aber keine genauen Werte für die unterschiedlichen Nanodrahtoberflächen existieren, gehen wir bei diesem Modell für das Material GaAs von einem Oberflächenpotenzial von 0,5 V aus. Diese Modelvorstellung hat die Ausbildung einer Raumladungszone im Mantel des Drahtes zur Folge.

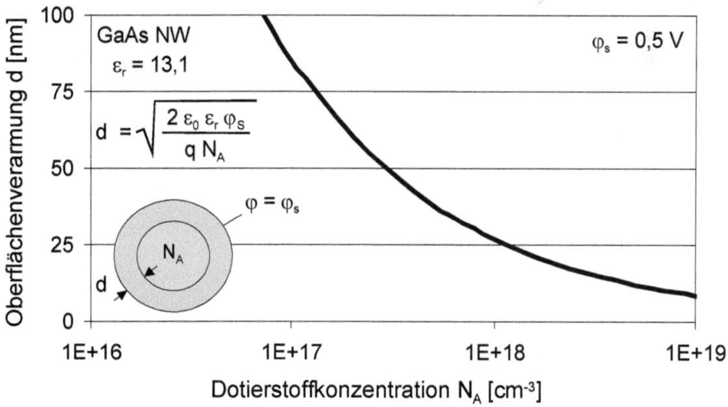

Abb. 4.2: Verarmungsmodell für einen GaAs Nanodraht. Der aktive Nanodrahtquerschnitt hängt stark von der Ladungsträgerkonzentration ab.

Eine frei bewegliche Ladungsträgerkonzentration steht somit nur oberhalb einer bestimmten Dotierung und/oder eines bestimmten Nanodrahtdurchmessers zur Verfügung und beschränkt sich auf den Kern des Drahtes [220]. In Abbildung 4.2 ist deutlich zu erkennen, dass die Dicke der isolierend wirkenden Nanodrahthülle mit sinkender Dotierstoffkonzentration exponentiell ansteigt, bis der gesamte Draht letztlich verarmt ist. Beispielsweise wäre ein 200 nm dicker GaAs-Nanodraht unterhalb einer Ladungsträgerkonzentration von $1x10^{17}$ cm^{-3} bereits vollständig verarmt.

GaAs (400 °C)

Zu Beginn wurden nominell undotierte GaAs Strukturen gewachsen, die für die folgenden Dotierungsversuche als Referenz dienen. Abbildung 4.3 zeigt eine an der Referenzprobe durchgeführte Messung, wobei der hier charakterisierte Draht einen Durchmesser von 150 nm aufweist.

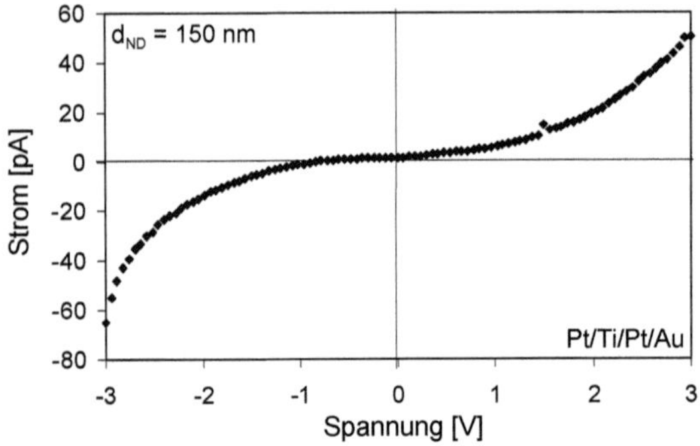

Abb. 4.3: I/U Messergebnis an einem nominell undotierten GaAs Nanodraht zur Referenz für folgende Dotierexperimente.

Zum einen ist die Kennlinie zwar symmetrisch aber nicht linear, was dafür spricht, dass die hier verwendete Ti/Pt/Ti/Au-Metallisierung keinen ohmschen Kontakt aufweist und somit auf eine zu geringe Dotierung hinweist. Darüber hinaus liegen die Ströme im unteren pA-Bereich, was ein weiteres Indiz dafür ist, dass bei dieser Probe keine signifikante Dotierung stattgefunden hat und daher die Leitfähigkeit des Drahtes sehr gering ist. Da man davon ausgehen muss, dass der gesamte Draht nahezu vollständig verarmt ist, kann keine genauere Aussage über die Hintergrunddotierung getroffen werden. Anhand des zuvor beschriebenen Modells ist aber zu erkennen, dass eine eventuelle Hintergrunddotierung unterhalb von etwa $1x10^{17}$ cm^{-3} liegen muss. Die Messergebnisse in Abbildung 4.4 zeigen den Einfluss eines zusätzlichen Angebotes von CBr4 (a), bzw. DEZn (b) während des Wachstums von GaAs Nanodrähten bei einer Wachstumstemperatur von 400 °C. Der Durchmesser der Nanodrähte betrug in beiden Fällen 150 nm. Ein zusätzliches Angebot von CBr4 lässt unabhängig vom Quellenfluss keine Leitfähigkeitserhöhung erkennen, wobei das gezeigte Ergebnis bei einem IV/III-Verhältnis von 0,069 gewachsen wurde. Zwar unterscheidet sich der Kurvenverlauf zu der nominell undotierten Referenzprobe, die Ströme liegen jedoch im vergleichbaren Bereich, was dafür spricht, dass während des VLS-Prozesses kein oder zu wenig Kohlenstoff in den Nanodraht eingebaut wird. Da Kohlenstoff bei den hier verwendeten Wachstumstemperaturen nahezu keinerlei Löslichkeit in Gold besitzt [221] und auch nicht zur Festkörperdiffusion neigt, ist ein Einbau während des VLS Prozesses ohnehin sehr unwahrscheinlich.

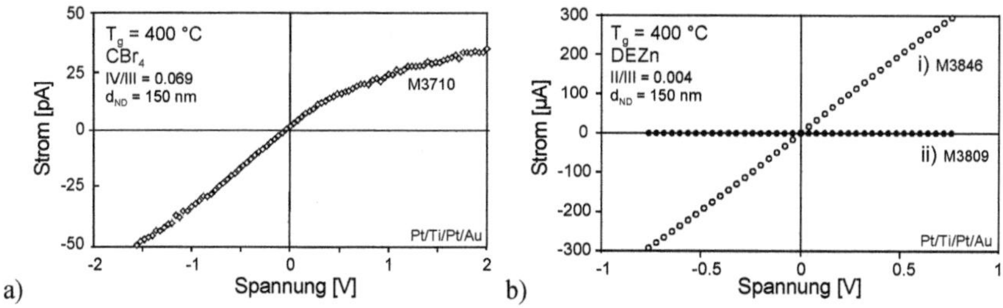

Abb. 4.4: I/U Messergebnisse von GaAs Nanodrähten die bei einer Temperatur von 400 °C gewachsen wurden: (a) mit zusätzlichem CBr_4 Angebot und (b) mit DEZn Angebot während (i) und nach (ii) dem Wachstum.

Auch der mögliche Einbau über die Grenzfläche zwischen Partikel und Nanodraht, äquivalent zu den Gruppe V Atomen, konnte mittels dieser Ergebnisse ausgeschlossen werden. Das Messergebnis in Abbildung 4.4 (b) zeigt den deutlichen Einfluss unter der Verwendung von DEZn. Wird Zink während des Wachstums angeboten, wie bei der Probe M3846 (Verlauf (i)), erhöht sich die Leitfähigkeit derart stark, dass ein Stromfluss von 300 µA unterhalb von 1 V zustande kommt. Darüber hinaus ist die Kennlinie ohmsch, was ebenfalls für einen erfolgreichen Zinkeinbau in den Nanodraht spricht. Dieses Ergebnis zeigt, dass eine starke Wechselwirkung zwischen dem GaAs Nanodraht und dem DEZn Angebot stattfindet, was auch schon anhand der REM Ergebnisse aus Kapitel 3.3 vermutet wurde. Das eingestellte II/III-Verhältnis von 0,004 ist dabei verhältnismäßig gering, wenn man dieses mit Daten aus der konventionellen Schichtepitaxie vergleicht.
Um den Weg des Dotierstoffeinbaus weiter zu untersuchen, wurde eine Referenzprobe M3809 gewachsen (Verlauf (ii) in Abbildung 4.4 (b)), bei der das DEZn erst nach vollendetem Nanodrahtwachstum für 30 min unter gleichzeitiger TBAs Stabilisierung angeboten wurde. Da hierbei keine Leitfähigkeitserhöhung erkennbar war und die Ströme weiterhin im pA-Bereich lagen, konnte der Einbau über Festkörperdiffusion durch die Nanodrahtfacetten ausgeschlossen werden. Da darüber hinaus Zink eine gute Löslichkeit in Gold besitzt, gehen wir derzeit davon aus, dass der Dotierstoffeinbau äquivalent zum Gruppe-III Einbau über das Goldpartikel stattfindet. Da sich Zink aber im Gegensatz zu beispielsweise Gallium unbegrenzt im Goldtropfen lösen lässt, ohne das eine erzwungene Ausfällung stattfindet, ist kein fester Gleichgewichtspunkt aufgrund einer Sättigungsgrenze zu erwarten. Der Zinkgehalt innerhalb des Goldpartikels wird also kontinuierlich ansteigen, bis die Einbauwahrscheinlichkeit an der fest-flüssig Phasengrenze mit der Aufnahme von Zinkatomen aus der Gasphase in den Quellpunkt übereinstimmt. Aufgrund dieses leicht abweichenden Einbaumodells und dem, im Vergleich zum Gruppe-III Fluss, deutlich geringeren Angebotes an Dotierstoffmaterial ist darüber hinaus damit zu rechnen, dass sich konstante Ladungsträgerkonzentrationen erst nach einer gewissen Wachstumszeit einstellen.
Um die erzielte Ladungsträgerkonzentration abschätzen zu können, wurde im Folgenden ein Modell angewendet, welches den Drahtwiderstand aus dem Zusammenhang zwischen eben dieser Ladungsträgerkonzentration und der Ladungsträgerbeweglichkeit in Abhängigkeit des Drahtradius beschreibt und darüber hinaus die zuvor beschriebene Oberflächenverarmung beinhaltet [220]. Dieser Zusammenhang ist in Abbildung 4.5 anhand der gestrichelten Verläufe für vier verschiedene Ladungsträgerkonzentrationen dargestellt. Man erkennt, dass der Drahtwiderstand mit kleiner werdendem Drahtradius überproportional ansteigt und schließlich in eine Polstelle läuft, wenn der Nanodraht vollständig verarmt ist, was direkt mit der Oberflächenverarmung zusammenhängt.

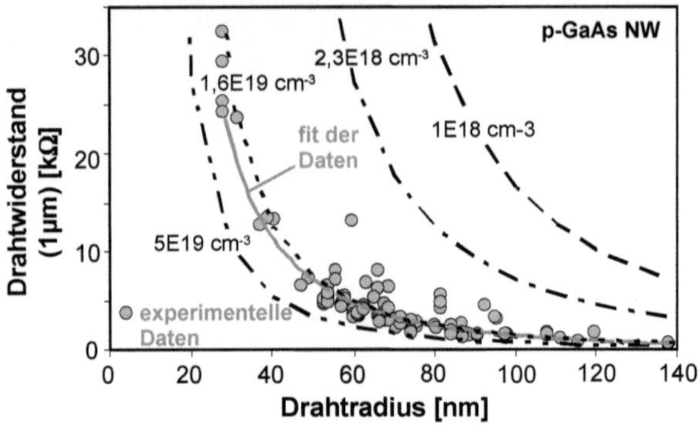

Abb. 4.5: Gemessene Widerstandswerte von Zn dotierten GaAs Nanodrähten (II/III = 0,004) inklusive der angepassten Trendlinie und zusätzlichen modellierten Daten für vier verschiedene Ladungsträgerkonzentrationen (gestrichelt). Die Widerstände sind auf 1 µm normiert [220].

Dieser charakteristische Verlauf verschiebt sich je nach Ladungsträgerkonzentration zu kleineren oder größeren Drahtradien. Der formelmäßige Zusammenhang wird durch die folgende Widerstandsgleichung 4.1 gegeben:

(4.1)
$$R = \frac{1}{q \cdot N_A \cdot \mu(N_A)} \cdot \frac{L}{\pi \cdot (r_o - d_{spc})^2}.$$

Neben dem Einfluss der Oberflächenverarmung, der innerhalb dieser Formel berücksichtigt wird, muss des Weiteren ein Ausdruck für die Löcherbeweglichkeit in Abhängigkeit der Dotierstoffkonzentration eingesetzt werden. Eine für p-GaAs angepasste Hilsum-Gleichung, siehe 4.2, beschreibt diesen Zusammenhang, wobei hier typische Werte für p-GaAs mit $\mu_0 = 450\ cm^2/Vs$ und $\varepsilon_r = 13$ verwendet wurden [218]:

(4.2)
$$\mu(N_A) = \frac{450 \frac{cm^2}{Vs}}{1 + \sqrt{\frac{N_A}{10^{18} cm^{-3}}}}.$$

Um dieses Modell für die in dieser Arbeit gewachsenen Strukturen anzuwenden, sind, wie in Abbildung 4.5 ersichtlich, eine Vielzahl von Nanodrähten notwendig, die unterschiedliche Durchmesser bzw. Radien aufweisen. Daher wurde alternativ zu den monodispersen 150 nm großen Goldpartikeln, wie bereits in Kapitel 3.3 beschrieben, eine zuvor aufgedampfte dünne Goldschicht als Wachstumskeim verwendet, was zu einer Verteilung der Nanodrahtradien zwischen 20 nm und einigen 100 nm führt. Aufgrund der hierbei erzielten Nanodrahtlängen oberhalb von 10 µm konnten bis zu fünf Kontakte auf den prozessierten Drähten platziert werden, welches eine detaillierte statistische Auswertung ermöglicht. Abbildung 4.5 zeigt die Messdaten von Zn dotierten GaAs-Nanodrähten, die bei einem II/III Verhältnis von 0,004 gewachsen wurden, wobei die Drahtwiderstände auf eine Länge von 1 µm normiert wurden. Vergleicht man nun die, aus diesen ca. 100 Messdaten, resultierende Trendlinie mit den Modelldaten, so kann für dieses II/III Verhältnis eine Ladungsträgerkonzentration von etwa $1{,}6 \times 10^{19}\ cm^{-3}$ abgeschätzt werden.

Aus der angepassten Hilsumgleichung kann daraus eine Beweglichkeit von μ = 90 cm^2/Vs bestimmt werden und liegt damit in dem Bereich, der auch bei dem konventionellen Schichtwachstum erreicht wird [159]. Um im weiteren Verlauf die Auswirkung verschiedener DEZn Angebote zu untersuchen, wurde dieser Vorgang für drei weitere II/III-Verhältnisse durchgeführt. Das Ergebnis dieser sehr aufwändigen Prozedur ist in Abbildung 4.6 dargestellt und zeigt das nahezu lineare Verhalten zwischen dem DEZn Angebot und der ermittelten Ladungsträgerkonzentration in dem hier untersuchten Bereich.

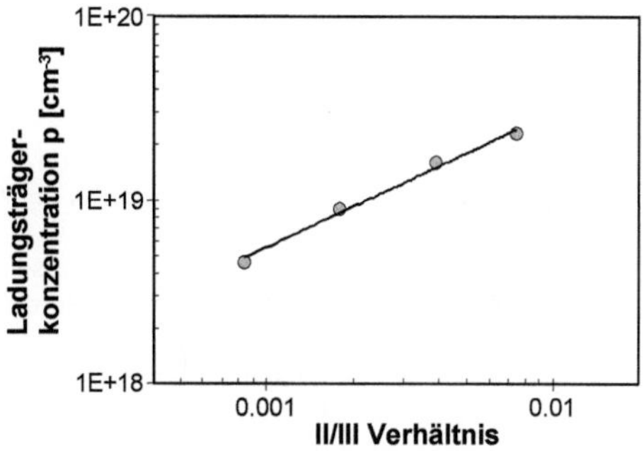

Abb. 4.6: Ermittelte Ladungsträgerkonzentration in Abhängigkeit vom eingestellten II/III-Verhältnis.

Mit Hilfe des II/III-Verhältnisses konnten somit Ladungsträgerkonzentrationen von $4{,}6x10^{18}$ cm^{-3} bis zu $2{,}3x10^{19}$ cm^{-3} eingestellt werden, wobei dieser erzielte Maximalwert durch Sättigungseffekte im Zinkeinbau und auftretende strukturelle Defekte während des Wachstums limitiert ist.

Die, im Vergleich zur konventionellen Schichtepitaxie, relativ niedrigen II/III-Verhältnisse bzw. DEZn Flüsse zeigen, dass Zink sehr effektiv bei der verwendeten Wachstumstemperatur von 400 °C in den Nanodraht eingebaut wird. Bei den hier niedrigsten erzielten Ladungsträgerkonzentrationen regelten die MFC´s der DEZn Quellenkonfiguration bereits im unteren einstelligen %-Bereich, so dass eine weitere Reduzierung des DEZn Angebotes nur über den Quellendruck bzw. die Quellentemperatur möglich wäre. Darüber hinaus steigt mit weiter abnehmender Ladungsträgerkonzentration der Einfluss der Oberflächenverarmung derart an, dass die Drahtwiderstände zunehmend stärker streuen. Eine gewisse Streuung der bereits gezeigten Ergebnisse ist, wie bereits beschrieben, mit dem leicht abweichenden Einbaumechanismus im Vergleich zu den Gruppe-III Elementen erklärbar. Widerstandsmessungen entlag längerer Nanodrähte mit mehreren Kontakten belegen das erwartete Einbauverhalten. Zunächst nimmt der Drahtwiderstand in Richtung Nanodrahtspitze ab, bzw. die Ladungsträgerkonzentration steigt an, bis ein stationärer Wert erreicht wird. Dieses Verhalten ist in Abbildung 4.7 deutlich zu erkennen und hängt stark vom DEZn Angebot, also dem II/III-Verhältnis ab. Die Kurven zeigen den Drahtwiderstand, sowie die entsprechende Ladungsträgerkonzentration über den Nanodrahtort für zwei diskrete II/III-Verhältnisse. Im Fall des höheren DEZn Angebotes (II/III = 0,002) sättigt die Konzentration, bzw. der Widerstand schneller als bei dem geringeren II/III-Verhältnis von 0,0008, was aber dadurch zu erklären ist, dass die Zinkkonzentration innerhalb des Goldtropfens für ein höheres Zinkangebot schneller ansteigt und sich somit früher ein konstantes Ga/Zn-Verhältnis innerhalb des Nanodrahtes einstellt. Wie in Abbildung 4.7 zu erkennen ist, kann sich dieser Vorgang je nach Zinkangebot über einige µm-Drahtlänge hinziehen.

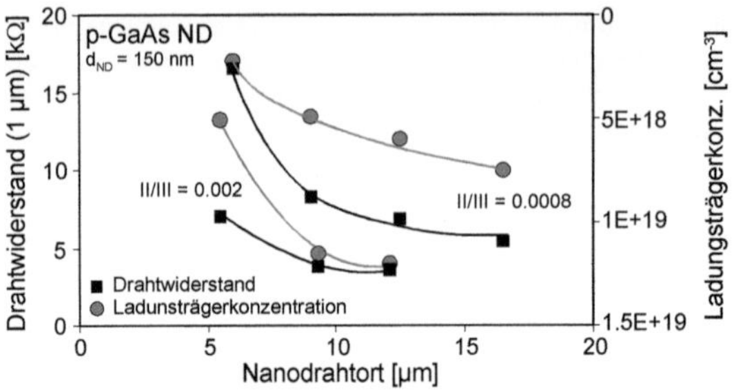

Abb. 4.7: Drahtwiderstand in Abhängigkeit des Nanodrahtortes, sowie die daraus resultierende Ladungsträgerkonzentration. Der Drahtwiderstand ist dabei auf 1 µm normiert[220].

Zusätzlich zu diesem Effekt könnten auch Festkörperdiffusionsprozesse innerhalb des Drahtes auftreten, welche dieses Verhalten je nach Dotierstoffkonzentration mehr oder weniger stark beeinflussen.
Während des Wachstums wird die Dotierung ausschließlich vom Einbauverhältnis zwischen Gallium und Zink bestimmt. Um dabei eine, über die Drahtlänge, variierende Wachstumsrate von GaAs mit konstantem Zinkeinbau auszuschließen, was zu vergleichbaren Ergebnissen führen würde, ist die Wachstumsrate von GaAs Nanodrähten speziell als Funktion der Wachstumszeit untersucht worden. Da dabei keinerlei auffällige Variationen erkennbar waren, die einen solchen Konzentrationsgradienten erklären würden, ist dieser Effekt eindeutig dem Einbauverhalten der Zinkatome zuzuordnen.
Um die mit DEZn erzielten Dotierungsergebnisse und das oben eingesetzte Modell zur Ladungsträgerermittlung zu überprüfen, wurden Metall-Isolator-Halbleiter-Feldeffekttransistoren (MISFET) aus Zn dotierten GaAs Nanodrähten gefertigt. Das Prinzip eines solchen Bauelementes ist in Abbildung 4.8 dargestellt.

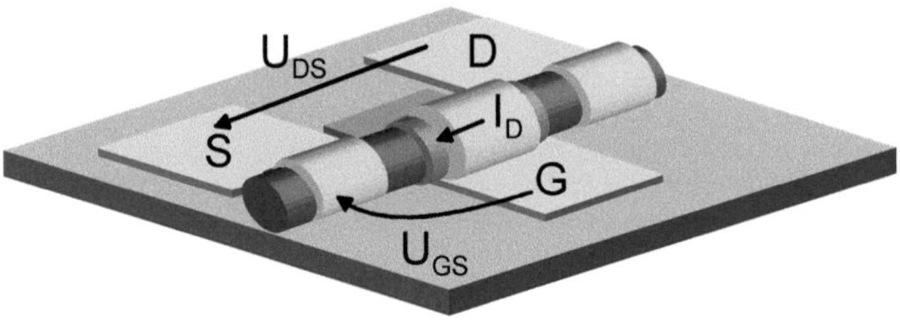

Abb. 4.8: Prinzip eines GaAs Nanodraht MIS-Feldeffekttransistor.

Die Skizze zeigt den mit drei Kontakten versehenen Nanodraht, wobei der Source- (S) und Drain-Kontakt (D) direkten Zugriff auf den Nanodraht haben und die steuernde Gateelektrode (G) mittels einer zusätzlich abgeschiedenen SiN_x-Schicht isoliert ist. Darüber hinaus sind die wichtigen elektrischen Größen U_{DS}, U_{GS} und I_D eingezeichnet.
Abbildung 4.9 zeigt die gemessene Transfercharakteristik eines GaAs-Nanodraht MISFET, der bei einem II/III-Verhältnis von 0,004 gewachsen wurde. Der gemessene Nanodraht hat einen Durchmesser von 150 nm, wobei die Ladungsträgerkonzentration mittels dem zuvor verwendeten Modell mit etwa $1{,}6 \times 10^{19}$ cm^{-3} bestimmt werden konnte. Der sinkende Drainstrom mit steigender Gate-Source Spannung ist dabei ein eindeutiges Zeichen für einen p-Kanal Transistor.

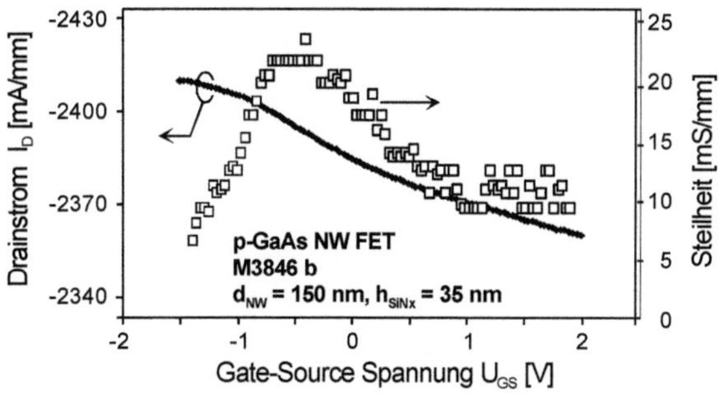

Abb. 4.9: Drainstrom, sowie Steilheit eines Zn dotierten GaAs Nanodraht MISFET als Funktion der Gate-Source Spannung.

Dieses Experiment bestätigt also die erfolgreiche p-Dotierung von GaAs Nanodrähten mittels dem Quellenmaterial DEZn. Zwar ist die Änderung des Drainstromes und somit die maximale Steilheit dieses Transistors relativ gering, dieses Verhalten kann aber durch die relativ hohe Dotierung sowie dem großen Durchmesser des hier untersuchten Drahtes erklärt werden. Für niedrige Drain-Source Spannungen gelten für den Drainstrom I_D sowie für die Steilheit g_m die folgenden Gleichungen 4.3:

$$I_D = \frac{\mu \cdot C_G}{L_G^2}\left(V_{GS} - V_T\right) \cdot V_{DS}$$

(4.3)

$$\Rightarrow g_m = \frac{dI_D}{dV_{GS}} = \frac{\mu \cdot C_G}{L_G^2} \cdot V_{DS}$$

Aus diesen Zusammenhängen, sowie den geometrischen Drahtdaten, kann die Niederfeldbeweglichkeit des zink-dotierten GaAs-Nanodrahtes von etwa μ_p = 90 cm^2/Vs und eine Löcherkonzentration von $1.7x10^{19}$ cm^{-3} bestimmt werden. Diese Ergebnisse stimmen nahezu perfekt mit den zuvor, aus dem Transportmodell, bestimmten Werten überein (N_A = $1.6x10^{19}$ cm^{-3}, μ = 90 cm^2/Vs) [220]. Grundsätzlich existiert somit eine einfachere Möglichkeit zur Bestimmung von N_A, bzw. μ, allerdings bleibt aufgrund der ausgeprägten Streuung der Nanodrahtdaten die Notwendigkeit einer aufwändigen statistischen Auswertung vieler Nanodrahtproben bestehen.

p-GaAs (450 °C – 480 °C)

Neben Dotierversuchen an ungetaperten GaAs-Nanodrahtstrukturen wurden darüber hinaus GaAs-Nandodrähte unter zusätzlichem Dotierstoffangebot bei höheren Temperaturen gewachsen. Dieses führt, wie bereits erwähnt, zu getaperten Strukturen, die aus einem VLS-gewachsenem Kern und einem additiv gewachsenen Mantel bestehen. Dabei soll an dieser Stelle nochmals darauf hingewiesen werden, dass der additiv gewachsene Mantel im Falle getaperter Nanodräht aufgrund von überlagertem Schichtwachstum an den Seitenfacetten der Nanodrähte entsteht. Es ist also zu erwarten, dass sich der Dotierstoffeinbau in die Nanodrahthülle von dem des VLS gewachsenen „Nanodrahtkern“ unterscheidet. Die Messergebnisse in Abbildung 4.10 zeigen den Einfluss eines zusätzlichen Angebotes von CBr_4 (a) bzw. DEZn (b) während des Wachstums von GaAs Nanodrähten, wobei stellvertretend die Ergebnisse von je vier Nanodrähten einer Probe dargestellt sind. Beide Proben wurden bei einer Temperatur von 450 °C unter der Verwendung von 150 nm großen Goldpartikeln gewachsen.

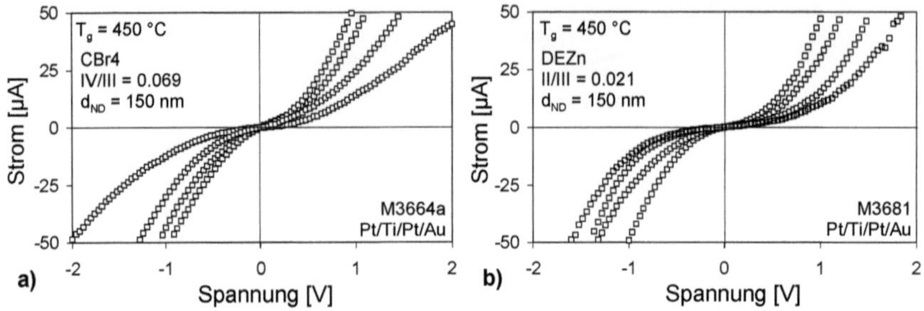

Abb. 4.10: I/U Messergebnisse an je 4 GaAs-Nanodrähten mit zusätzlichem CBr4, bzw. DEZn Angebot. Erhöhte Leitfähigkeit mit Strömen im µA-Bereich in beiden Fällen, sowohl bei der Verwendung von CBr4 mit einem IV/III-Verhältnis von 0,069 (a), als auch bei DEZn mit einem II/III-Verhältnis von 0,021 (b).

Im Falle des CBr_4 Quellenmaterials wurde ein IV/III-Verhältnis von 0,069 verwendet, das Zn-Angebot wurde mit einem II/III-Verhältnis von 0,021 eingestellt. Es ist erstaunlich, dass beide Resultate ähnliche Ergebnisse mit Strömen bis zu 50 µA bei ca. 2 V liefern und darüber hinaus einen vergleichbaren, nicht linearen, S-förmigen Verlauf aufweisen. Im Vergleich zur Referenzprobe, die ohne jegliches Angebot von Dotierstoffen gewachsen wurde, ist die Leitfähigkeit in beiden Fällen um drei Größenordnungen angestiegen, was sowohl für das CBr_4 als auch für das DEZn auf eine erfolgreiche Dotierung schließen lässt. In beiden Fällen wurde eine Metallisierung aus Pt/Ti/Pt/Au zur elektrischen Kontaktierung verwendet. Obwohl anschließend ein Temperschritt durchgeführt wurde, handelt es sich hierbei nicht um Legierkontakte, d. h. es findet keine Durchmischung von Metall und Halbleitermaterial durch thermische Diffusion statt. Daher ist der nicht lineare Verlauf in Verbindung mit einer nicht ausreichend hohen Dotierung zu erklären.

Dotierungsexperimente bei einer Wachstumstemperatur von 480 °C liefern für beide Dotierstoffquellen vergleichbare Ergebnisse. Da es sich bei den hier untersuchten Nanodrähten um getaperte Strukturen handelt stellt sich die Frage, ob die hier erzielte Leitfähigkeitssteigerung auf eine Dotierung im gesamten Nanodraht zurückzuführen ist oder der Dotierstoffeinbau lediglich in der Ummantelung stattgefunden hat. Um dieses näher zu untersuchen, wurden die mit CBr4 dotierte Probe M3664, siehe Abbildung 4.10 (a), einem Ätzschritt unterzogen, indem mittels einer H_3PO_4:H_2O_2:H_2O Lösung im Verhältnis von 1:1:25 die additiv gewachsene Umhüllung entfernt wurde. Die anschließende Charakterisierung dieser geätzten Drähte zeigte, dass der Stromfluss durch diese Strukturen um mehr als drei Größenordnungen zurück gegangen ist, was nicht ausschließlich auf die Reduzierung des gesamten Drahtquerschnittes zurückzuführen ist. Daher wird davon ausgegangen, dass der signifikante Kohlenstoffeinbau ausschließlich innerhalb der Ummantelung stattgefunden hat. Der VLS gewachsene „Nanodrahtkern" ist im Falle der Verwendung von CBr4 somit nicht ausreichend dotiert, was mit den Ergebnissen, die beim Wachstum von GaAs bei 400 °C erzielt wurden, übereinstimmt und mit der Unlöslichkeit in Gold erklärbar ist.

Wie sich der Dotierstoffeinbau in Zn-dotierten getaperten GaAs Nanodrähten zwischen Kern und Mantel unterscheidet, wurde im Rahmen dieser Arbeit nicht näher untersucht. Aufgrund der, bei einer Wachstumstemperatur von 400 °C, erzielten Dotierungsergebnisse mittels DEZn wurde bereits gezeigt, dass sich Zink mittels VLS in den Nanodrahtkern einbaut. Daher ist davon auszugehen, dass sich Zink sowohl in Kern als auch in den Mantel getaperter GaAs Nanodrähte einbaut.

n-GaAs (400 °C – 480 °C)

Eine n-typ Leitfähigkeit innerhalb von GaAs-Nanodrähten konnte mittels dem Quellenmaterial DitBuSi, für den hier untersuchten Temperaturbereich zwischen 400 °C und 480 °C, nicht realisiert werden. Die Leitfähigkeit bleibt in diesen Fällen sehr gering und ist mit den Referenzproben ohne Zugabe von Dotierstoffen vergleichbar. Das bedeutet, dass Silizium weder mittels VLS, noch konventionellem Schichtwachstum ausreichend in den Nanodraht, bzw. in eine additiv gewachsene Hülle eingebaut wird, um eine messbare n-Leitfähigkeit zu erzeugen. Im Vergleich zu den p-Dotierstoffquellen CBr_4 und DEZn ist die Verbindung DitBuSi deutlich stabiler und zerfällt erst bei höheren Wachstumstemperaturen oberhalb von 600 °C. Somit verhindern die relativ geringen Wachstumstemperaturen den Zerfall von DitBuSi, obwohl Silizium eine gute Löslichkeit in Gold aufweist.
Ein möglicher Ansatz, der sich aus dieser Zerlegungseigenschaft von DitBuSi ergeben könnte, ist eine Art Si Delta-Dotierung in Nanodrähten. Dazu wäre denkbar, bei hohen Temperaturen (> 600 °C) unter As-Gegendruck die DitBuSi Quelle zu öffnen, so dass Si in das Goldpartikel aufgenommen werden kann, welches sich beim Abkühlen und fortsetzen des Wachstums in den Draht einbaut.
Weitere Randbedingungen, die jedoch eine n-Dotierung mittels Si in dem Halbleitermaterial GaAs erschweren oder beschränken, werden im übernächsten Unterpunkt mit dem Wachstum von n-dotierten (In)GaAs-Hüllen bei deutlich höheren Temperaturen diskutiert.

InAs

Das Material InAs besitzt die Eigenschaft, dass das Ferminiveau an der Materialoberfläche innerhalb des Leitungsbandes gepinnt ist, was zu einer Akkumulation von Elektronen an der Oberfläche führt. Dieser Effekt macht sich bei Nanodrähten aufgrund des hohen Oberflächen zu Volumen Verhältnisses besonders bemerkbar. Darüber hinaus ist bei InAs aufgrund eines möglichen Einbau von Kohlenstoff, der aus Zerfallsprodukten der Quellenmaterialien stammt, von einer n-Hintergrunddotierung auszugehen, was in Kombination mit dem Fermilevelpinning eine mögliche p-Dotierung erschwert.
Im Gegensatz zu den Ergebnissen der dotierten GaAs-Strukturen zeigen InAs-Nanodrähte durchweg hohe Stromdichten, unabhängig davon, ob und welche Dotierstoffquellen während der Epitaxie verwendet wurden. Abbildung 4.11 zeigt stellvertretend für zahlreiche Ergebnisse eine typische lineare I/U-Kennlinie mit Strömen bis zu 100 µA bei etwa 2V, was bei dem geringen Nanodrahtdurchmessern von 50 nm zu enorm hohen Stromdichten bis zu einigen A/mm^2 führt.

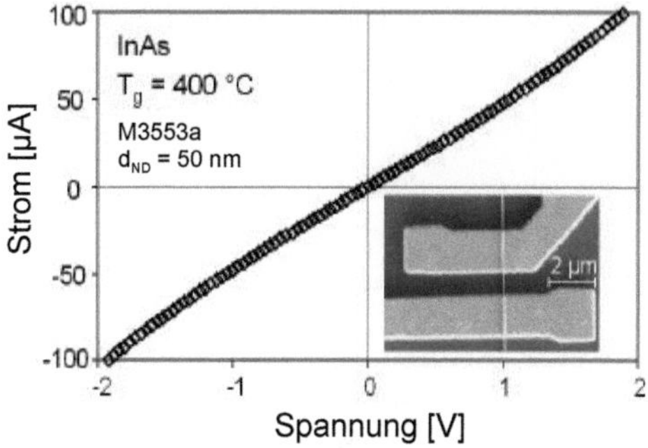

Abb. 4.11: Lineare I/U Charakteristik eines InAs-Nanodrahtes mit Strömen bis zu 100 µA unterhalb von 2 V.

Die Ti/Au Kontakte wurden im in diesem Fall mit einem Abstand von etwa 1 µm aufgedampft. Zwar variieren die erzielten Ergebnisse leicht von Probe zu Probe, eine Abhängigkeit vom Dotierstoffangebot war dabei jedoch nicht zu erkennen, unabhängig davon, ob CBr_4, DEZn oder DitBuSi verwendet worden ist. Dabei ist zu beachten, dass Kohlenstoff und Silizium eine n-typ Leitfähigkeit in InAs erzeugen würden. Wobei der Einbau von Zink zu einer p-Typ Leitfähigkeit führt. Die erzielten hohe Leitfähigkeiten sind daher nicht auf einen Dotierstoffeinbau zurückzuführen, sondern hängen mit der Oberflächenanreicherung zusammen, die durch das Fermilevelpinning verursacht wird.

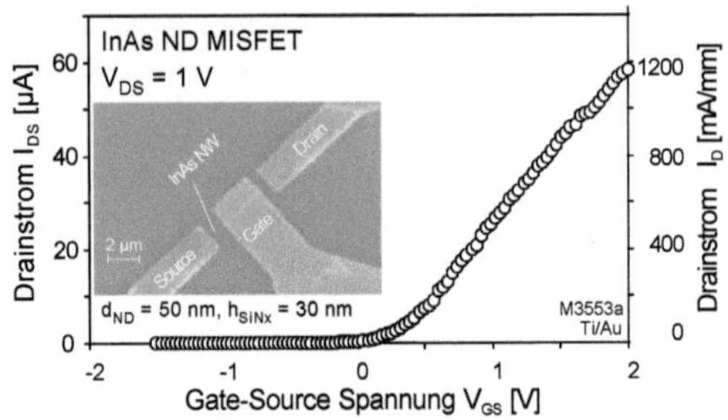

Abb. 4.12: Übertragungskennlinie, sowie die Draufsicht einer REM-Aufnahme eines prozessierten InAs-Nanodraht-FET [25].

Neben reinen Leitfähigkeitsmessungen wurden InAs-Nanodrähte dazu verwendet Feldeffekttransistoren herzustellen. Dazu wurden die gewachsenen Strukturen, wie schon beschrieben, auf vorstrukturierte GaAs-Trägersubstrate transferiert. Als Kontaktschicht für Source bzw. Drain wurde, wie in Abbildung 4.11, eine Ti/Au Metallisierung verwendet, wobei der Kontaktabstand wegen des folgenden Gateprozesses nun ungefähr 5 µm beträgt. Vor dem Aufdampfen des abschließenden Gatekontaktes aus Ti/Pt/Au wurde eine SiN_X-Schicht zur Gateisolation abgeschieden. Anhand der Übertragungskennlinie in Abbildung 4.12 ist die deutliche n-Typ Charakteristik zu erkennen. Des Weiteren ist die REM-Aufnahme eines prozessierten InAs-Nanodraht-FET in der Draufsicht abgebildet. Die maximale Steilheit des Transistors liegt bei etwa 2 S/mm, was den zur Zeit höchsten Wert für n-InAs-Nanodraht-FETs darstellt [222].

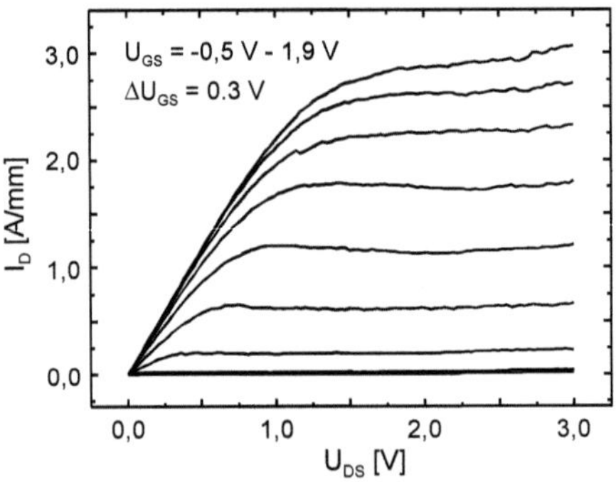

Abb. 4.13: Ausgangskennlinienfeld eines InAs Nanodraht FET mit einer Gatelänge von 2 µm und einem Ausgangsstrom von 3 A/mm normiert auf den Durchmesser.

Mit Hilfe von experimentellen Daten und dem Langkanal-MOSFET Modell konnte darüber hinaus eine Beweglichkeit von etwa 13000 cm^2/Vs ermittelt werden. Abbildung 4.13 zeigt ein auf den Durchmesser normiertes Ausgangskennlinienfeld $I_D = f\ (U_{DS}, U_{GS})$ eines einzelnen n-InAs Nanodraht-FET mit einem Drahtdurchmesser von 50 nm und einer Gateisolationsschichtdicke (SiN_x) von 30 nm. Darüber hinaus ist das gute Sättigungsverhalten dieses Bauelementes erkennbar. Diese hervorragenden Ergebnisse zeigen auf eindrucksvolle Weise die sehr gute Materialqualität, die beim Wachstum von InAs-Nanodrähten erreicht werden kann. Außerdem bestätigen diese Ergebnisse, dass die Anreicherung mit Elektronen aufgrund des Fermilevelpinnings im Leitungsband eine entscheidende Rolle in der Charakteristik von InAs Nanodrähten spielt. Weitere Ergebnisse im Bezug auf die Variation der Isolationsschichtdicke, des Isolationsmaterials oder auch Modellbildung und Simulation sind in folgenden Arbeiten zu finden [25, 222, 223].

n-(In)GaAs-Hülle (620-650) °C

Da in den Experimenten bei niedrigen Wachstumstemperaturen bisher keine n-Dotierung in GaAs-Nanodrähten realisiert werden konnte, wurde im nächsten Schritt gezielt die Kombination aus VLS- und Schichtwachstum angewendet. Da die Umhüllung mittels konventioneller Schichtepitaxie und damit bei höheren Temperaturen stattfindet, sollte das Quellenmaterial DitBuSi deutlich besser zerlegt werden und eine n-Dotierung in GaAs, bzw. InGaAs ermöglichen. Abbildung 4.14 zeigt das Messergebnis von vier GaAs Nanodrähten einer Probe, deren Hüllen bei 650 °C unter zusätzlichem DitBuSi Angebot gewachsen wurden und somit nominell n-dotiert sein sollten.

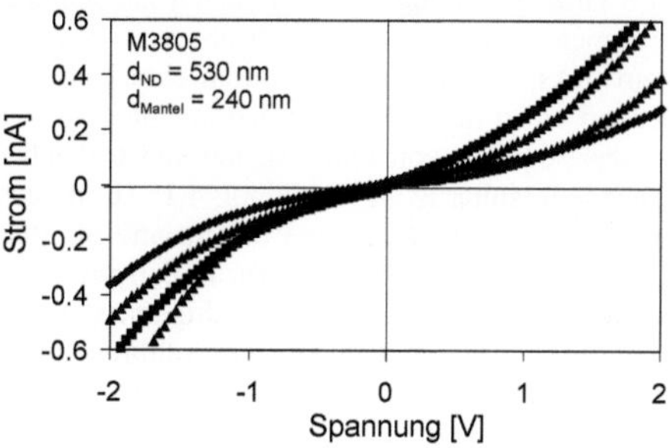

Abb. 4.14: I/U Messergebnisse an 4 GaAs-Nanodrähten einer Probe deren Hülle bei 650 °C unter zusätzlichem DitBuSi Angebot mittels konventioneller Schichtepitaxie gewachsen wurde.

Wie jedoch zu erkennen ist, liegen die Ströme lediglich im unteren nA-Bereich und weisen eine nicht lineare Kennlinie auf. Die im Vergleich zur Referenzprobe leicht erhöhte Leitfähigkeit ist dabei auf die Zunahme des Materialvolumens durch die Umhüllung zurückzuführen. Da der Nanodrahtkern zuvor mit einem Durchmesser von 50 nm gewachsen wurde, ergibt sich aus dem Gesamtdurchmesser von etwa 530 nm nach der Umhüllung ein additiv gewachsener Mantel von etwa 240 nm. Wenn man dieses Ergebnis mit der erfolgreichen p-Dotierung in GaAs Nanodrähten vergleicht, muss an dieser Stelle davon ausgegangen werden, dass kein signifikanter Si-Einbau und somit keine effektive n-Dotierung erreicht wurde.

Da die Wachstumstemperatur von 650 °C eine ausreichende Zerlegung des Quellenmaterials DitBuSi gewährleistet, müssen somit andere Gründe die Realisierung einer n-typ Leitfähigkeit in GaAs verhindern. Wie bereits beschrieben ist die Oberfläche von GaAs Nanodrähten verarmt, wobei die Ausdehnung dieser Zone stark von der Dotierung abhängt.

Da aus physikalischen Gründen die n-Dotierung von GaAs mit Silizium auf etwa $6x10^{18}$ cm^{-3} beschränkt ist [224, 225, 226, 227], bleibt der aktive Nanodrahtquerschnitt stets um einige 10 nm reduziert. Des Weiteren würde eine eventuell auftretende Hintergrunddotierung mittels Kohlenstoff als p-Dotierung wirken und somit einer n-Dotierung entgegenwirken. Darüber hinaus besitzen die Seitenfacetten der Nanodrähte Orientierungen, die nicht mit der für die konventionelle Epitaxie genutzten (100)-Oberflächen übereinstimmen. Damit könnte sich der Einbau von Si-Atomen in die Nanodrahthülle weiter reduzieren. Aus diesen genannten Gründen ist GaAs als Nanodrahtmaterial für eine n-Dotierung mit Silizium nicht geeignet.
Stellt man die beiden Materialsysteme GaAs und InAs gegenüber und berücksichtigt zudem die in dieser Arbeit bereits erzielten elektrischen Ergebnisse, so scheint InAs der deutlich bessere Kandidat für eine n-Dotierung zu sein. Im Gegensatz zur Verarmung in GaAs ist die InAs Oberfläche mit Elektronen angereichert. Eine eventuell auftretende Hintergrunddotierung mit Kohlenstoff würde ebenfalls eine n-Dotierung verursachen. Neben der deutlich geringeren Bandlücke liegt auch die physikalische Grenze einer n-Dotierung mittels Silizium im Bereich von $3x10^{19}$ cm^{-3} [228]. Auch schon bei einer ternären $In_{53}Ga_{47}As$ Zusammensetzung werden mittels Si-Dotierung bereits Ladungsträgerkonzentrationen > 10^{19} cm^{-3} erreicht [159]. Anhand dieser Gegenüberstellung sollte sich die Wahrscheinlichkeit eine n-leitenden Hülle zu erzeugen deutlich erhöhen, wenn anstelle von GaAs das Material InAs, bzw. ternäres (In)GaAs verwendet wird. In Abbildung 4.15 (a) sind stellvertretend die Messergebnisse dreier GaAs-Nanodrähte dargestellt, deren InGaAs-Hülle bei 620 °C unter zusätzlichem DitBuSi Angebot gewachsen wurden. Mittels EDS-Messungen konnte ein relativ hoher In-Gehalt von etwa 70 % ermittelt werden. Neben dem perfekt ohmschen Verlauf der Kennlinien werden nun Ströme bis zu 1 mA unterhalb einer Spannung von 0,2 V erreicht. Dieses entspricht einer Stromzunahme von etwa 6 Größenordnungen im Vergleich zur nominell n-dotierten GaAs-Umhüllung. Um zu untersuchen, ob diese enorme Leitfähigkeitssteigerung mit dem Fermilevelpinning, wie bei reinem InAs, zusammenhängt, durch eine Kohlenstoffhintergrunddotierung verursacht wird oder auf einen tatsächlichen Siliziumeinbau zurückzuführen ist, wurde eine Referenzprobe ohne das Angebot von DitBuSi, bei sonst gleichen Randbedingungen, gewachsen. Das entsprechende Resultat ist in Abbildung 4.15 (b) dargestellt. Zwar erscheint der Kurvenverlauf weiterhin linear, allerdings sind die Ströme im Vergleich zu denen mit zusätzlichem DitBuSi-Angebot um 5 Größenordnungen in den nA-Bereich zurückgegangen. Dieses Referenzergebnis belegt eindeutig, dass die Leitfähigkeitssteigerung auf den tatsächlichen Einbau von Si-Atomen in die InGaAs Hülle zurückzuführen ist. Eine signifikante Hintergrunddotierung mittels Kohlenstoff kann ebenso ausgeschlossen werden, wie Anreicherungseffekte aufgrund eines Fermilevelpinnings.

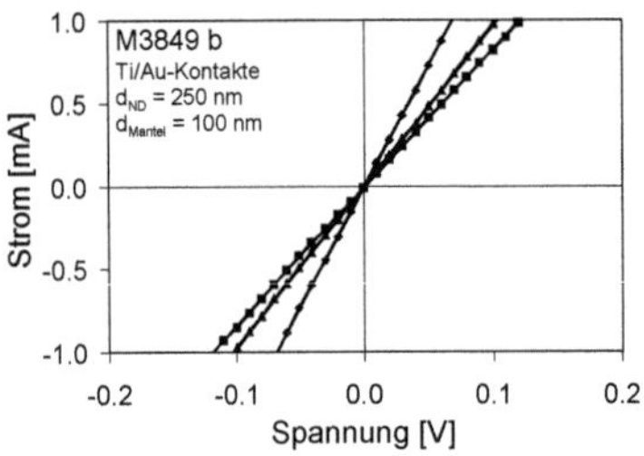

a)

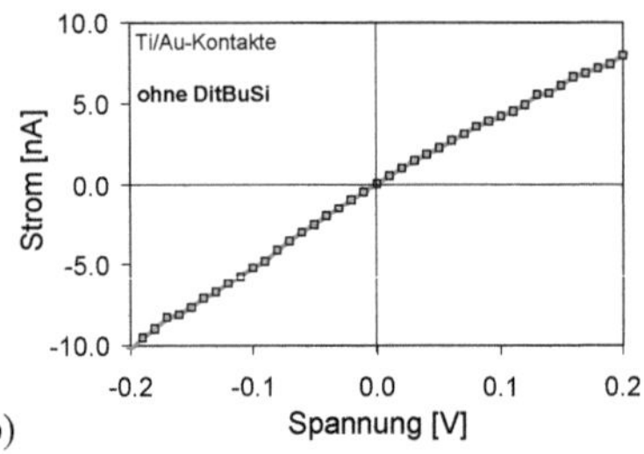

b)

Abb. 4.15: I/U-Messergebnisse an GaAs-Nanodrähten, deren InGaAs-Hülle bei 620 °C mittels konventioneller Schichtepitaxie gewachsen wurde. Hüllenwachstum mit zusätzlichem DitBuSi-Angebot (a). Referenzprobe ohne ein Angebot von DitBuSi (b).

Mit Hilfe des bereits für p-GaAs entwickelten Transportmodells kann auch in dem Fall der hier realisierten n-InGaAs-Hülle die Ladungsträgerkonzentration ermittelt werden. Abbildung 4.16 zeigt den entsprechenden Zusammenhang zwischen Drahtwiderstand und Drahtradius, wobei die Modelldaten hierbei auf InGaAs mit einem In-Gehalt von etwa 70 % angepasst wurden. Ein Vergleich zwischen den modellierten Kurven und den gemessenen Widerstandswerten liefert eine Ladungsträgerkonzentration von $5x10^{18}$ cm^{-3}.

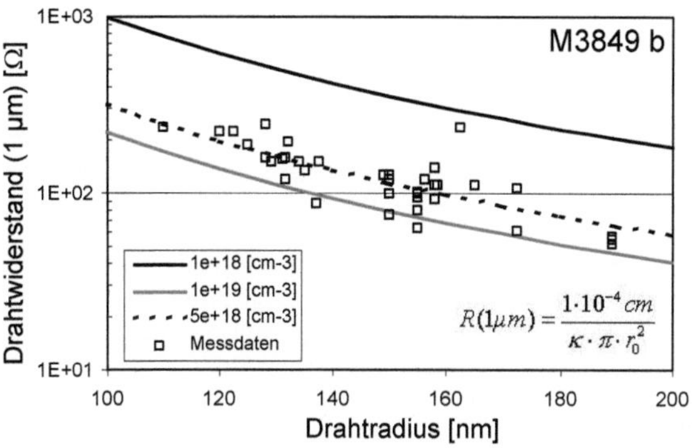

Abb. 4.16: Gemessene Widerstandswerte von GaAs-Nanodrähten mit Si-dotierter InGaAs-Hülle inklusive modellierten Daten für drei verschiedene Ladungsträgerkonzentrationen. Die Widerstände sind auf 1 µm normiert [229].

pn-Übergänge

Durch die erfolgreiche p-Dotierung von GaAs-Nanodrähten mittels Zink, sowie der gerade gezeigten Si-Dotierung von InGaAs-Umhüllungen, die zu einer n-Leitfähigkeit führt, sind somit die notwendigen Grundlagen zur Realisierung von pn-Übergängen innerhalb von Nanodrähten gegeben. Nachdem also die n-dotierte InGaAs-Hülle mittels konventioneller Schichtepitaxie hergestellt wurde, konnte das Wachstum der Drähte innerhalb des VLS-Modus fortgesetzt werden und somit die p-dotierte GaAs-Nanodrahtspitze realisiert werden. Dass diese Kombination, welche zu n-InGaAs/p-GaAs Kern-Mantel Strukturen führt, wachstumstechnisch funktioniert, ist bereits in Kapitel 3.3 gezeigt worden. Das Prinzip dieser Struktur inklusive der beiden Metallisierungen zur elektrischen Kontaktierung ist in Abbildung 4.17 (a) dargestellt. Abbildung 4.17 (b) zeigt entsprechende Strom-Spannungs-Kennlinien, die an Nanodrähten dieser Probe aufgenommen wurden. Die hierbei erzielten Stromdichten liegen für einen GaAs-basierten pn-Übergang im erwarteten Bereich. Obwohl der Verlauf von (i) dem einer Diode schon sehr ähnelt, entspricht die hier vorliegende Charakteristik nicht der eines pn-Übergangs, da einerseits die Flussspannung zu hoch ist und auch das Sperrverhalten zumindest bei (ii) nicht gegeben ist. Darüber hinaus streuen die Ergebnisse aller vermessenen Nanodrähte erheblich, wie es sich auch anhand der beiden dargestellten Ergebnisse andeutet. Allerdings ist hierbei anzumerken, dass aufgrund einiger Wachstumsdefekte, die zu einem häufigen Abknicken der Strukturen führt, nur wenige Nanodrähte kontaktiert werden konnten. Des Weiteren reduziert sich die Anzahl der tatsächlich messbaren Drähte weiter, da einige während der Kontaktierung an dem nominellen pn-Übergang durch mechanische Beanspruchung aufbrechen. Somit steht eine genauere statistische Auswertung der Ergebnisse für weitere Arbeiten aus.

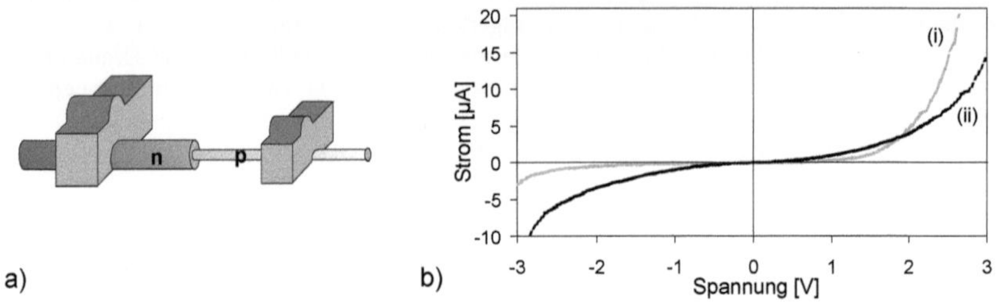

Abb. 4.17: Prinzip eines kontaktierten n-InGaAs/p-GaAs-Kern-Mantel-Nanodrahtes (a). Entsprechende, „diodenähnliche", I/U-Kennlinien zweier auf dieser Art prozessierten Strukturen (b).

Die Ursache für die hier gemessene Charakteristik liegt vermutlich in dem Wechsel zwischen dem Wachstum der InGaAs-Hülle und der anschließenden Nanodrahtspitze im VLS-Modus. Zwar wird hier das Wachstum während der Temperaturreduzierung von 620 °C auf 400 °C unterbrochen, allerdings reduziert sich die Löslichkeit des Goldpartikels während des Abkühlvorgangs, so dass an dieser Stelle mit einer Zwischenschicht durch weiteres Ausfallen aus dem Gold zu rechnen ist, die den Stromfluss maßgeblich beeinflusst. Wie sich diese Zwischenschicht genau zusammensetzt und wie diese vor allem dotiert ist, ist derzeit noch nicht untersucht worden. Da es sich darüber hinaus bei den hier erzeugten pn-Übergang nicht um einen Homoübergang handelt, entstehen aufgrund der Diskontinuitäten im Bandverlauf zusätzliche Barrieren zwischen InGaAs und GaAs, die den Ladungsträgertransport zusätzlich beeinflussen. Zusätzlich könnte sich der bereits beschriebene Gradient im Zinkeinbau, gerade zu Wachstumsbeginn des oberen p-GaAs Teilstückes negativ auf die I/U-Charakteristik auswirken. Genauere Untersuchungen, auch mittels HR-TEM-Analysen, zur Verifizierung dieses Übergangsbereich bleiben weiterführenden Arbeiten vorbehalten.

Aufgrund der geschilderten Problematik und den damit verbundenen offenen Fragestellungen, wurde auf eine alternative, einfachere Art und Weise versucht pn-Übergänge zu realisieren. Bei diesem Ansatz wird dabei ausschließlich die p-typ-Dotierung innerhalb des Nanodrahtes anhand von Zn-dotiertem GaAs bereitgestellt. Die Zufuhr von Elektronen geschieht in diesem Falle aus einem n-dotierten GaAs Substrat. Zwar ist diese Realisierung von der Wachstumsseite her deutlich einfacher, allerdings resultieren aus technologischer Hinsicht neue Herausforderungen, da diese Drähte in stehender Form kontaktiert werden müssen. Die Wachstumsergebnisse, sowie einige Teilschritte des technologischen Prozesses wurden bereits in Kapitel 3.3 erläutert. Genauere Angaben zur Kontaktierung sind aus [210] zu entnehmen. Erste Arbeiten mit genau diesem Ansatz wurden bereits Anfang der 90er Jahre von Hiruma durchgeführt [20]. Da die Nanodrähte in diesen Arbeiten allerdings stark getapert waren und darüber hinaus CBr4 als p-Dotierstoff verwendet wurde, ist davon auszugehen, dass die p-Leitfähigkeit nur innerhalb des Mantels der Strukturen erzeugt wurde.

Abbildung 4.18 zeigt ein repräsentatives Messergebnis an einem „Top-kontaktierten" Bauelementen, wobei jedes Bauelement in diesem Fall aus einer Vielzahl von bis zu 100 Nanodrähten besteht. Im Vergleich zu den vorherigen Ergebnissen, mit einem nominellem pn-Übergang innerhalb eines Drahtes, ist nun eine deutliche Diodencharakteristik erkennbar. Die Ströme von bis zu 2 mA bei etwa 2 V sind aufgrund der hohen Anzahl an parallel kontaktierten Nanodrähten sehr hoch. Die auftretende Diffusionsspannung von etwa 1,3 V ist aufgrund des hier verwendeten GaAs-Materials, mit einer Bandlücke von ca. 1,4 eV, ebenfalls sehr realistisch. Auf die optischen Eigenschaften dieser Bauelemente wird im folgenden Kapitel 4.2 separat eingegangen.

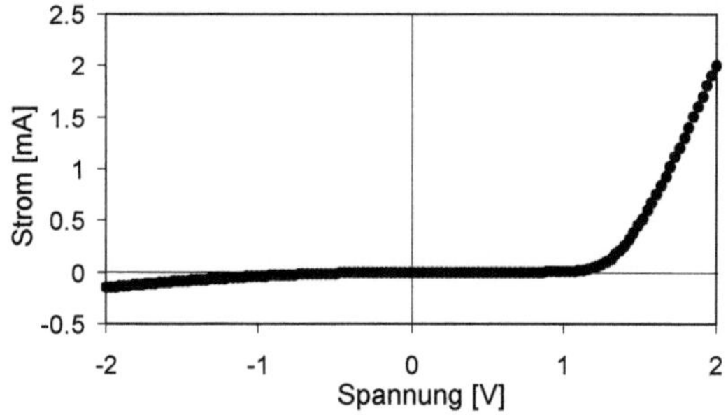

Abb. 4.18: Kennlinie von „Top-kontaktierten" p-GaAs Nanodrähten auf n-GaAs Substrat [230].

4.1.2 Ionenimplantation

Die mittels Ionenimplantation dotierten GaAs Nanodrähte wurden mit Pt/Ti/Pt/Au Kontakten versehen und zusätzlich einem Legierschritt bei 360 °C für 30 s unterzogen. Zur Referenz wurden ebenfalls undotierte GaAs Strukturen vermessen, die sowohl mit, als auch ohne Ausheizschritt behandelt wurden. Die in Abbildung 4.19 dargestellte I/U Messung zeigt einen Stromanstieg über vier Größenordnungen für Zn dotierte und anschließend ausgeheizte Strukturen. Während die dotierten Strukturen bei Spannungen um +/- 2V Ströme von einigen 10 µA zeigen, liegen diese bei den Referenzproben im unteren nA-Bereich, unabhängig davon, ob ein Ausheizschritt durchgeführt wurde oder nicht. Experimente mit unterschiedlichen Nanodrahtdurchmessern (100 nm und 200 nm) bestätigen diese Ergebnisse.

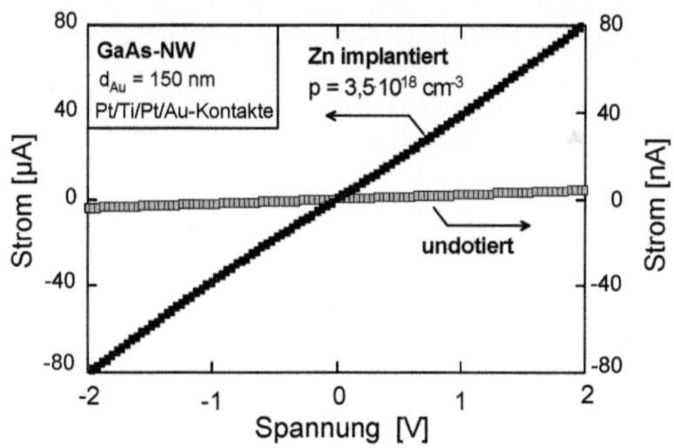

Abb. 4.19: I/U Ergebnisse von "as grown" verglichen mit Zn implantierten GaAs Nanodrähten. Die Dotierstoffkonzentration konnte durch den Zusammenhang zwischen Mobilität und Ladungsträgerkonzentration ermittelt werden [217].

Mit Hilfe des Mobilitäts- und Ladungsträgerkonzentrationsmodells konnte die Löcherkonzentration der Zn implantierten GaAs Drähte zu $3{,}5 \times 10^{18}$ cm^{-3} extrapoliert werden. Diese Ergebnisse machen das große Potential der Ionenimplantation für die Dotierung von Nanodrähten deutlich.

Aufgrund der Vorteile im Hinblick auf Strukturierbarkeit und Materialvielfalt ist die Ionenimplantation eine gute Alternative zur Dotierung während des VLS-Wachstums. Neben der Aktivierung der in GaAs implantierten Zinkakzeptoren wurde außerdem die Möglichkeit zum Weiterwachsen nach dem Implantationsprozess gezeigt. Somit bietet sich auch die Kombination beider Dotierungsmechanismen für zukünftige Experimente an. Der Fokus der weiterführenden Arbeiten liegt nun in der Realisierung einer n-Dotierung von GaAs mittels der Implantation von Schwefel oder Silizium. Mit Hilfe dieser Technologie existiert somit ein weiterer Ansatz, um innerhalb eines Nanodrahtes einen pn-Übergang zu realisieren.

4.2 Optische Eigenschaften

Neben der intensiven elektrischen Charakterisierung wurden die, in dieser Arbeit gewachsenen, Strukturen auch im Hinblick ihrer optischen Eigenschaften untersucht. Neben der konventionellen Photolumineszenz an dicht bewachsenen Proben wurden darüber hinaus Photostrommessungen durchgeführt und erste Elektrolumineszenz-Ergebnisse erzielt.

Photolumineszenz

Die ersten Untersuchungen wurden an einem konventionellen Messaufbau zur Schichtcharakterisierung durchgeführt, so dass zunächst ausschließlich Proben untersucht werden konnten, auf denen Nanodrähte „as grown" in hoher Dichte vorhanden waren. Mit dem hier verwendeten Aufbau werden somit eine hohe Anzahl an gewachsenen Strukturen parallel untersucht. Um den Ursprung einer möglichen Photolumineszens eindeutig zuzuordnen ist es allerdings notwendig, dass sich das Nanodrahtmaterial von dem darunter liegenden Substrat unterscheidet oder dieses optisch inaktiv ist. Um dieses bei der Charakterisierung zu gewährleisten, wurden im ersten Schritt GaAs Nanodrähte untersucht, die auf Silizium-Substrat gewachsen wurden. Als Wachstumskeime wurden in diesem Fall polydisperse Goldpartikel (d = 5 nm-100 nm) aus einer kolloidalen Lösung verwendet. Abbildung 4.20 (a) zeigt das aufgenommene Spektrum von GaAs-Nanodrähten auf (111) Si Substrat im Vergleich zu dem von reinen GaAs- und Si Substraten bei einer Temperatur von 20 K.

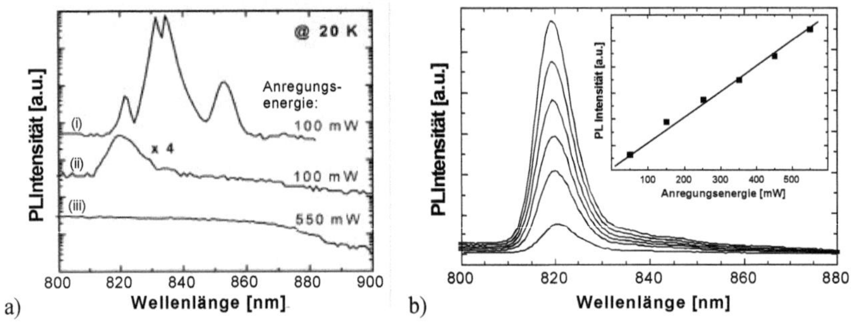

Abb. 4.20: Photolumineszenzspektren von GaAs Nanodrähten auf Si (ii), sowie reinem GaAs (i) und Si (iii) Substrat (a). Photolumineszensspektren der GaAs Nanodrähte auf Si in Abhängigkeit verschiedener Anregungsenergien (b). Die Intensität steigt dabei linear mit der Anregungsleistung. Die Spektren wurden bei einer Temperatur von 20 K aufgenommen [14].

Im Spektrum des (111) GaAs Substrates (i) ist der Übergang zur entsprechenden Bandlücke bei 821 nm, sowie Peaks durch Verunreinigungen bei etwa 840 nm und 850 nm, zu erkennen. Wie erwartet, zeigt das Spektrum des unbewachsenen Si Substrates (iii) keine spezielle Charakteristik. Die Schulter bei etwa 880 nm wird durch die charakteristische Empfindlichkeit und dem Rauschverhalten der verwendeten Detektorkonfiguration hervorgerufen. Das Spektrum der GaAs-Nanodrähte auf (111) Si Substrat (i) zeigt eine Emission bei etwa 822 nm, die aus dem Vergleich mit den Referenzproben eindeutig den Drähten zuzuordnen ist. Dabei lässt sich der Intensitätsunterschied des betrachteten Peaks, im Vergleich zu dem des GaAs Substrates, anhand des Flächenvergleiches von der bewachsenen zur freien Substratfläche innerhalb des Laserspots erklären. Beachtet man, dass bei der hier erreichten Dichte von ungefähr 10^8 cm^{-2} die Nanodrähte lediglich 1 % der Oberfläche bedecken, ist die Intensität relativ hoch. Darüber hinaus ist die Sammellinse des Messaufbaus ca. 15 cm von der Probe entfernt und besitzt eine Fläche von etwa 15 cm^2. Geht man nun von einer homogenen Emission in alle Richtungen aus, so wird aufgrund des daraus resultierenden Raumwinkels nur etwa 1 % der gesamten Lumineszenz eingesammelt. Die leichte Verschiebung zur kürzeren Wellenlänge resultiert aus der Elektronen- und Löcherquantisierung, die bei Durchmessern unterhalb von 40 nm auftritt [153]. Darüber hinaus führt die Größenverteilung der Nanodrähte zu einer Aufweitung des Spektrums, wodurch ein Auflösen der einzelnen Übergänge verhindert wird [231]. Wie Abbildung 4.20 (b) zeigt, steigt die Intensität des Photolumineszenzspektrums über den gesamten Verlauf nahezu linear mit der Anregungsleistung an und zeigt darüber hinaus keinen Sättigungsverhalten. Dieses Ergebnis zeigt, dass trotz einer Gitterfehlanpassung von 4,1 % zwischen den Materialien Si und GaAs und einigen Kristallfehlern, die in REM- und TEM-Aufnahmen beobachtet wurden, keine signifikante Degradierung der Materialqualität auftritt. Optische Untersuchungen an InGaAs Nanodrähten auf (111)B GaAs Substrat zeigten ebenfalls ausgeprägte Leuchteigenschaften, welche aufgrund der Wellenlänge eindeutig den Nanodrähten zuzuordnen sind. Abbildung 4.21 zeigt das zugehörige Tieftemperatur-Photolumineszenzsignal einer Probe, bei der zuvor ein Indiumgehalt von 14 % mittels Röntgendiffraktometrie bestimmt wurde (vgl. Kapitel 3.1.2). Wie erwartet, zeigt die Referenzprobe, auf der sich keine gewachsene Nanodrähte befinden, keine Lumineszenz. Das Signal bei etwa 917 nm zeigt eine leichte Blauverschiebung im Vergleich zu der erwarteten Position bei entsprechender Materialzusammensetzung. Diese Verschiebung, hin zu kleineren Wellenlängen, kann aber mit einem Aufheizeffekt erklärt werden.

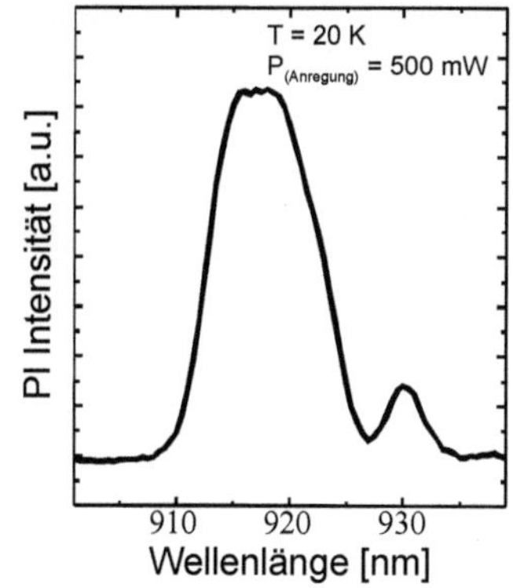

Abb. 4.21: Tieftemperatur-PL Signal einer InGaAs Nanodrahtprobe mit zuvor bestimmten Indium-Gehalt von 14 %.

Der, verglichen zu der gesamten Drahtlänge, geringe Nanodrahtdurchmesser bildet einen schlechten thermischen Kontakt, so dass die Anregungsenergie des Lasers zu einer Temperaturerhöhung im Nanodrahtvolumen führt. Der zweite Peak bei einer Wellenlänge von 930 nm könnte durch einen additiv gewachsenen Mantel um den eigentlichen Draht, bzw. einer zusätzlich gewachsenen Schicht auf dem Substrat stammen, wobei der Indiumgehalt im Vergleich zum Drahtmaterial leicht erhöht ist. Eine umfassende Charakterisierung über den gesamten Materialbereich bis hin zum InAs war aufgrund der vorhandenen Detektoren limitiert, so dass lediglich der galliumreiche Bereich untersucht wurde. Weitere Ergebnisse sind in [232, 233, 234] gegeben.

Photostrom

Neben der Licht-Licht Wechselwirkung wurden ebenso Versuche durchgeführt, durch Lichtanregung mit geeigneter Wellenlänge Ladungsträgerpaare zu generieren und durch deren örtlichen Trennung einen Photostrom zu erzeugen. Dabei konnten anhand einzelner GaAs Nanodrähte der Probe M3440a bereits zu Beginn dieser Arbeit erste Ergebnisse erzielt werden [232]. Da diese Probe bei 480 °C gewachsen wurde und zeitweise auch CBr4 als p-Dotierstoff angeboten wurde, wird es sich, bezogen auf die Ergebnisse aus Kapitel 3 und 4, bei den hier untersuchten Nanodrähten um i-GaAs Kern/p-GaAs Mantel Strukturen halten. Die elektrische Kontaktierung dieser Strukturen wurde äquivalent zu der bereits beschriebenen technologischen Prozedur realisiert. Unter Verwendung dieser Nanodrähte (M3440a) konnte bei zwei verschiedenen Temperaturen ein Einfluss der Lichtanregung beobachtet werden.
Abbildung 4.22 (a) zeigt die I/U Charakteristik eines einzelnen kontaktierten Nanodrahtes mit unterschiedlichen Beleuchtungsintensitäten. Alle Verläufe sind quasi symmetrisch und weisen den selben Schnittpunkt mit der Spannungsachse auf. Für eine Spannung von 0 V wird somit kein Fotostrom durch Beleuchtung generiert, sondern lediglich die Leitfähigkeit erhöht. Darüber hinaus ist weder in negativer, noch in positiver Richtung eine Sättigung des Stroms erkennbar. Bei Anregung ist dabei eine leichte Änderung des Stromverlaufes zu sehen, wobei die Variation der Anregungsleistung zwischen 50 mW und 550 mW keine wesentlichen Änderungen zeigt. Der im Vergleich zum Dunkelstrom leicht erhöhte Stromfluss ist darauf zurückzuführen, dass bei Beleuchtung des Drahtes mehr Ladungsträger zum elektrischen Transport beitragen. Die I/U Charakteristik beschreibt in diesem Fall also den Verlauf eines Nanodraht Photowiderstandes. In Abbildung 4.22 (b) ist Verlauf des Stromes in Abhängigkeit der Laserintensität für eine feste Spannung U_D = 0,8 V gegeben. Das Sättigungsverhalten der hier untersuchten GaAs Nanodrähte (M3440a) kann bisher nicht erklärt werden.

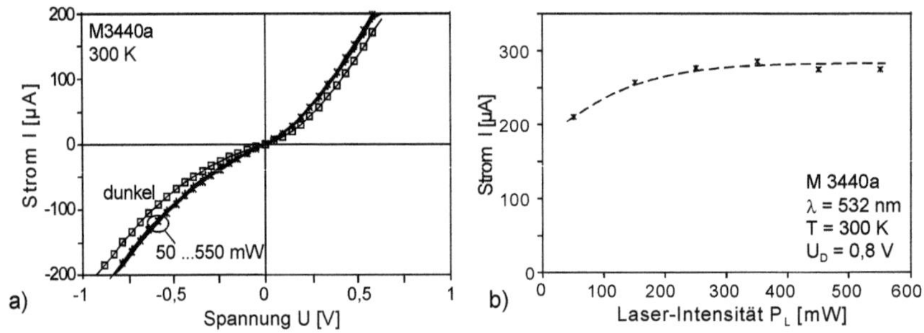

Abb. 4.22: I/U Verlauf von nominellen GaAs pn-Übergängen, ohne Anregung (dunkel) und unter Beleuchtung (50...550 mW) bei Raumtemperatur (a). Probenstrom in Abhängigkeit der Laserintensität(b) [232].

In einem Photowiderstand sollte der durch Anregung generierte Strom proportional zur eingestrahlten Lichtintensität sein. Eine möglicherweise vorhandene persistente Leitfähigkeit nach Abschalten der Beleuchtung wurde nicht bestimmt. Um die Abhängigkeit von der Umgebungstemperatur zu untersuchen wurden die I/U Messungen bei einer Temperatur von 24 K wiederholt. Das Ergebnis ist in Abbildung 4.23 dargestellt.

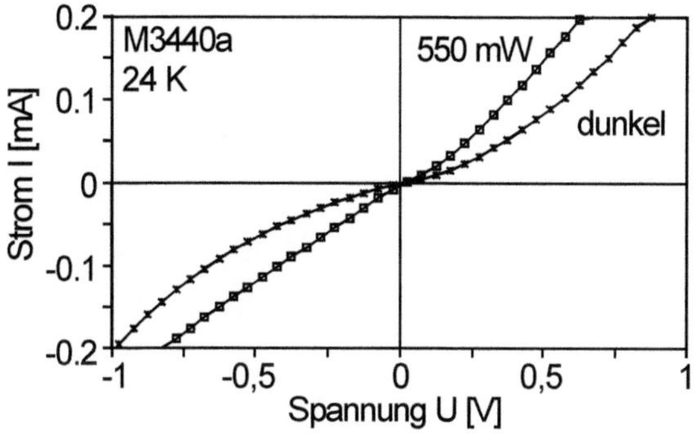

Abb. 4.23: I/U Verlauf der nominellen pn-GaAs Nanodrähte ohne Anregung (dunkel), und unter Beleuchtung (550 mW) bei 24 K [232].

Verglichen mit dem Ergebnis bei Raumtemperatur zeigt sich, dass sich bei ansonsten vergleichbaren Verläufen der Dunkelstrom reduziert hat. Diese Abnahme hängt direkt damit zusammen, dass aufgrund der niedrigen Temperatur und der damit verbundenen geringeren thermischen Energie weniger freie Ladungsträger vorhanden sind, die für die elektrische Leitfähigkeit verantwortlich sind. Genau wie bei den vorherigen Ergebnissen zeigen beide Verläufe den selben Schnittpunkt mit der Spannungsachse, d. h. auch in diesem Fall wird kein Fotostrom durch Beleuchtung erzeugt. Außerdem ist auch bei diesen Niedrigtemperaturmessungen kein Sättigungseffekt erkennbar.
Allerdings ist nun eine wesentlich höhere Stromdifferenz zwischen beleuchtetem und unbeleuchtetem Fall erkennbar, was aber daran liegt, dass die Ladungsträgerkonzentration für den unbeleuchteten Fall zurück gegangen ist und sich somit die Anzahl der durch Lichtanregung generierten Ladungsträger im Verhältnis erhöht hat.

Elektrolumineszenz

Die Erzeugung von Elektrolumineszenz aus Nanodrahtstrukturen ist sicherlich das attraktivste Ziel im Hinblick auf elektrooptische Anwendungen. Da, wie in Kapitel 4.1 beschrieben, eine n-Dotierung von GaAs im Rahmen dieser Arbeit nicht erfolgreich war und die I/U Kennlinien der p-GaAs Kern/n-InGaAs Mantel Strukturen ebenfalls keine Diodencharakteristik aufweisen, wurde die Kombination aus n-dotiertem GaAs Substrat mit topkontaktierten p-GaAs Nanodrähten für weitere Elektrolumineszenuntersuchungen verwendet. Diese Strukturen weisen, wie in 4.1 beschrieben, eine Diodencharakteristik auf, außerdem werden bei dieser Art der Kontaktierung einige zehn Drähte parallel betrieben, was zu hohen Strömen innerhalb des Bauelements und damit auch zu einer höheren Lichtausbeute führt. Zur weiteren Optimierung der Randbedingungen wurde auf den Messplatz des Fachbereiches Physik/Experimentalphysik zurückgegriffen, der eine ortsaufgelöste Detektion im Bereich von wenigen 100 μm ermöglicht.

Die gemessene Intensität ist als Funktion der Wellenlänge, sowie des eingeprägten Stromes in Abbildung 4.24 dargestellt. Es ist zu erkennen, dass die Intensität proportional zum Strom steigt. Der Hauptpeak liegt bei einer Wellenlänge von etwa 830 nm was wiederum nah an dem Wert der Bandlückenenergie von GaAs liegt. Die Nebenpeaks dieses Spektrums sind teilweise auf Störstellen zurückzuführen, wobei derzeit nicht erklärt werden kann, wodurch genau der Nebenpeak bei 940 nm hervorgerufen wird. Das in Abbildung 4.24 integrierte Bild der CCD Kamera zeigt die Draufsicht auf das topkontaktierte Bauelement. Der grüne Laserspot dient hierbei zur Justage und markiert in dieser Darstellung lediglich den Bereich, aus dem die Emission detektiert wurde.

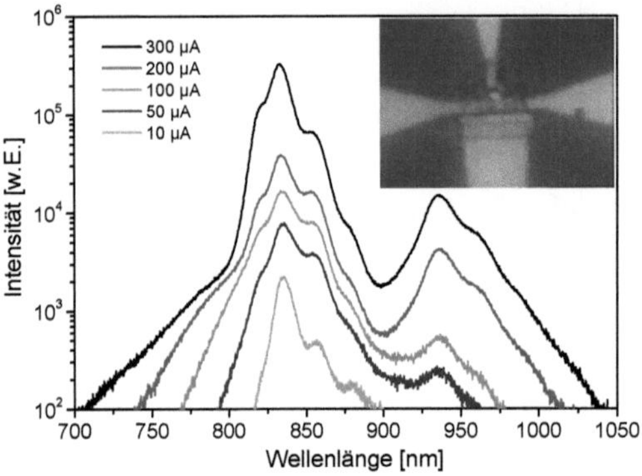

Abb. 4.24: EL-Signal von topkontaktierten p-GaAs Nanodrähten auf n-GaAs Substrat als Funktion der Wellenlänge für verschiedene Stromstärken. Der Laserspot im Lichtbild zeigt den Ort der Detektion [230, 235].

Dieses Ergebnis ist äußerst eindrucksvoll, da hier bereits sehr hohe Intensitäten gemessen werden konnten, obwohl hier bis zu 400 nm dicke Metallisierungen zur Kontaktierung verwendet wurden. Dieses Metall liegt direkt auf den Nanodraht-Struktuen und schirmt somit den direkten Lichtweg senkrecht nach oben ab. Die gemessene Elektrolumineszenz ist damit hauptsächlich auf Streulicht zurückzuführen, welches über die Kannten der Bauelemente detektiert wird. Es ist also davon auszugehen, dass zukünftige Arbeiten durch die Verwendung von transparenten Kontakten zur deutlichen Optimierung dieser Bauelemente beitragen. Neben weiterführenden Arbeiten an topkontaktierten Proben, bei denen sich der pn-Übergang zwischen Substrat und Draht befindet, ist darüber hinaus weiterhin eine Realisierung des Dotierstoffwechsels innerhalb eines Nanodrahtes anzustreben.

5 Zusammenfassung

Im Rahmen dieser Dissertation wurde das Wachstum von III/V Nanodrähten mittels MOVPE entwickelt. Dabei wurde unter der Bearbeitung verschiedener Teilbereiche die Grundlage geschaffen, um elektronische und optoelektronische Nanodrahtbauelemente herzustellen. Auf dem Weg zu InAs Feldeffekttransistoren mit sehr hohen Beweglichkeiten und Steilheitswerten, sowie nanodrahtbasierten GaAs Leuchtdioden, musste das Wachstum der Nanodrähte bezüglich der strukturellen Eigenschaften, Zusammensetzungen, Erzeugung von Heterostrukturen und Dotierbarkeit untersucht und optimiert werden. Dabei wurde während dieser Arbeit gerade im Bereich zur p-Dotierung von GaAs Nanodrähten ein wesentlicher Beitrag geleistet.

Das VLS-Wachstumsmodell, welches als Grundlage dieser Arbeit diente, wurde ausführlich diskutiert. Außerdem wurden einige Methoden vorgestellt, die zeigen, wie und in welcher Form die Wachstumskeime aufgebracht und auch vorstrukturiert werden können. In dieser Arbeit wurden hauptsächlich Gold Nanopartikel verwendet, die vor dem Wachstum aus einer kolloidalen Lösung oder aus der Gasphase auf die Probenoberfläche deponiert wurden. Ebenfalls wurden dünne Goldfilme als Wachstumstemplate verwendet, die aufgrund ihrer Strukturierbarkeit während des Aufdampfprozesses äußerst interessant sind.

GaAs ist das zentrale Materialsystem mit dem die meisten Wachstumsversuche durchgeführt wurden. Hier fanden im Laufe dieser Arbeit detaillierte Untersuchungen bezüglich Wachstumsrate und Strukturform statt. Kristallfehler konnten genau wie überlagertes Mantelwachstum, was in einigen Bereichen unerwünscht ist, nahezu unterdrückt werden. Die Abhängigkeit der Wachstumsrate von Wachstumstemperatur, Partikelgröße und -dichte wurde mit Hilfe von diversen REM-Aufnahmen in weiten Bereichen untersucht. Darüber hinaus ist es gelungen, GaAs Nanodrähte mit Hilfe von Eisenpartikeln zu wachsen, wobei die Ergebnisse belegen, dass diese Strukturen nicht durch einen VLS-Prozess entstanden sind.

Innerhalb des $In_xGa_{1-x}As$ Materialsystems wurden Nanodrähte realisiert, bei denen der In-Gehalt kontrolliert zwischen 0 % und 100 % variiert wurde und somit den gesamten Wellenlängenbereich zwischen InAs und GaAs abgedeckt. Zur Kompositionsbestimmung konnte die hochauflösende Röntgendiffraktometrie für Nanodrähte erfolgreich adaptiert werden. Die Ergebnisse wurden mittels hochauflösender TEM Charakterisierung inklusiver EDS Analysen bestätigt.

Heterostrukturen wurden im Rahmen dieser Arbeit sowohl in axialer als auch in radialer Anordnung realisiert, wobei für die Umhüllungen der gezielte Wechsel vom VLS- zum Schichtwachstum ausgenutzt wurde. Die Grenzflächenschärfe von axialen GaAs/GaP/GaAs Überstrukturen konnte mit Hilfe von optimierten Wachstumspausen während des Gruppe-V Wechsels bis an die Auflösungsgrenze der verwendeten EDS Messmethode verbessert werden. GaAs/$In_xGa_{1-x}As$/GaAs Heterostrukturen konnten sowohl in axialer als auch radialer Richtung erzeugt werden. Dabei zeigt der axiale Materialwechsel, der ausschließlich durch den VLS-Modus erzeugt wird, keinen abrupten Übergang, was auf den Speichereffekt der Gruppe-III Elemente innerhalb der Goldpartikel zurückzuführen ist. Die radialen Übergänge, die hingegen durch Überlagerung mit konventionellem Schichtwachstum entstanden sind, zeigen anhand von EDS Messungen scharfe Kern-Mantel GaAs/InGaAs/GaAs Übergänge. Weiter konnten qualitativ hochwertige GaAs Nanodrähte auf Si Substrat gewachsen werden, was anhand intensiver Photolumineszens belegt wurde. Eine bevorzugte Wachstumsrichtung war erst nach optimierter Oberflächenpräparation mittels HF-Ätzschritten sowie erhöhten Ausheiztemperaturen erkennbar. Die bisher besten Ergebnisse wurde mit extern vorbereiteten Proben erzielt, auf denen bereits kurze Silizium Nanodrahtstümpfe auf einem (111) Silizium Substrat mittels MBE vorgewachsen wurden.

Im Vergleich zu den strukturellen Eigenschaften verschiedener Halbleiternanodrähte und Nanodrahtheterostrukturen existieren derzeit wenig Ergebnisse zur kontrollierten Dotierung. Jedoch ist die Dotierung von Halbleitermaterialien die Voraussetzung zur Herstellung von elektronischen und optoelektronischen Bauelementen. Daher war die Dotierung von Nanodrähten ein wesentlicher Teilbereich dieser Arbeit. Um die bereits beschriebene Dotierungsproblematik von Nanodrähten zu bearbeiten wurden unterschiedliche Ansätze verfolgt. Unter der Verwendung des p-Dotierstoffes DEZn konnten GaAs Nanodrähte erfolgreich dotiert werden. Derzeit ist davon auszugehen, dass der Zn-Dotierstoff über das Goldpartikel in den Draht gelangt. Da Zink beliebig in Gold gelöst werden kann und daher keine feste Sättigungsgrenze vorhanden ist, beobachtet man einen Konzentrationsgradienten entlang des Drahtes, der stark vom Zn-Angebot abhängt. Stationäre Ladungsträgerkonzentrationen können sich durchaus erst nach einigen µm Drahtlänge einstellen. Durch Variation des Zink-Angebotes konnten Ladungsträgerkonzentrationen zwischen $4{,}6\text{x}10^{18}$ cm^{-3} und $2{,}3\text{x}10^{19}$ cm^{-3} eingestellt werden. Eine Si (n)- bzw. C (p)-Dotierung mittels der Quellenmaterialien DitBuSi und CBr_4 ist, für die in dieser Arbeit gewählten Wachstumsbedingungen, innerhalb des VLS-Wachstums nicht realisierbar. Im Falle von getaperten Strukturen, die bei höheren Wachstumstemperaturen entstehen, konnten mittels CBr4 p-dotierte Nanodrahthüllen realisiert werden. Neben den In-Situ MOVPE Dotierungsansätzen wurde die Ionenimplantation als erfolgreiche alternative Methode zur Dotierung von GaAs Nanodrähten etabliert. Mittels der Implantation von Zn Akzeptoren und einer anschließenden Ausheizprozedur konnte die Leitfähigkeit um den Faktor 10^4 erhöht werden. Darüber hinaus rekonstruiert sich die amorphisierte Struktur während dieses Ausheizschrittes nahezu komplett. Rechnungen dazu zeigen, dass eine Dotierstoffkonzentration von etwa $3{,}5\text{x}10^{18}$ cm^{-3} erzielt werden konnte.

Als erste Nanodrahtbauelemente wurden MISFETs aus InAs Nanodrähten mit hervorragendem Sättigungsverhalten und sehr hohen Ausgangsströmen hergestellt. Zusätzlich konnte ein sehr hoher Steilheitswert extrahiert werden, was auf die exzellente Materialqualität der gewachsenen InAs Strukturen zurückzuführen ist. Obwohl diese Strukturen nominell undotiert sind, wurde eine n-Leitfähigkeitgerade mit Hilfe dieser Transistordaten nachgewiesen. Diese Eigenschaft konnte mit dem Fermilevelpinning innerhalb des Leitungsbandes erklärt werden, welche eine Elektronenanreicherung an der Oberfläche zur Folge hat. Darüber hinaus kann ein weiterer Beitrag dieses Effektes auch durch eine Kohlenstoffhintergrunddotierung aus den Quellenmaterialien stammen. Durch die Kombination von p-dotierten GaAs Nanodrähten, die auf n-GaAs Substrat gewachsen wurden, konnten pn-Übergänge gefertigt werden, die neben der zu erwartenden Diodencharakteristik eine hohe Elektrolumineszens zeigen.

Die vorliegende Arbeit stellte die wissenschaftliche Materialversorgung für eine Reihe von Projekten des Fachgebietes sicher, wie z. B. des Sonderforschungsbereiches SFB 445. Zudem trug diese Dissertation maßgeblich dazu bei, den Forschungsschwerpunkt Nanotechnologie zu entwickeln, für den hoch aktuelle neue Forschungsaufgaben eingeworben werden konnten. Zukünftiger Schwerpunkt bleibt somit die Dotierung und die damit verbundene Realisierung von pn-Übergängen innerhalb eines Nanodrahtes, um Leuchtdioden, Solarzellen und andere Bauelemente zu erzeugen.

6 Verzeichnis der Abbildung und Tabellen

7 Literaturverzeichnis

7.1 Verzeichnis der verwendeten Literaturstellen

[1] G. E. Moore. No exponential is forever. Technischer Bericht, Intel (USA) (2003). URL ftp://download.intel.com/research/silicon/Gordon_Moore_ISSCC_021003.pdf.

[2] Y. Li, F. Qian, J. Xiang, and C. M. Lieber
Nanowire electronic and optoelectronic devices
Materialstoday **2006**, Vol. 9, No. 10, pp. 18-27

[3] B. Y. Xia, P. Yang, Y. Sun, Y. Wu, B. Mayers, B. Gates, Y. Yin, F. Kim, and H. Yan
One-Dimensional Nanostruktures: Synthesis, Charakterisation, and Applications
Advanced Materials, Vol. 15, No. 5, März 2003

[4] L. Samuelson,
Self-forming nanoscale devices
Mater. Today **2003**, Vol. 6, pp. 22-31.

[5] T. Ito, S. Okazaki
Pushing the limits of lithography
Nature **2000**, Vol. 406, pp. 1027-1031

[6] I. V. Markov
Crystal growth for beginners: fundamentals of nucleation, crystal growth and epitaxy
World Scientific Press, Singapore, 1995

[7] M. T. Björk, B. Ohlsson, T. Sass, A. I. Persson, C. Thelander, M. H. Magnusson, K. Deppert, L. A. Wallenberg, and L. Samuelson
One-dimensional heterostruktures in semiconductor nanowhiskers
Applied Physics Letters, Vol. 80, No. 6, pp. 1058, February 2002

[8] Y.Wu, R. Fan und P. Yang.
Block-by-block growth of single-crystalline Si/SiGe superlattice nanowires.
Nano Lett. 2(2), 83–86 (2002).

[9] M. S. Gudiksen, L. J. Lauhon, J. Wang, D. C. Smith, C. M. Lieber
Growth of nanowire superlattice structures for nanoscale photonics and electronics
Nature, Vol. 415, pp. 617-620, Februar 2002

[10] J. Noborisaka, J. Motohisa, S. Hara, and T. Fukui
Fabrication and characterization of freestanding GaAs/AlGaAs core-shell nanowire and AlGaAs nanotubes by using selective-area metalorganic vapor phase epitaxy
Appl. Phys. Lett. **87**, 093109 (2005)

[11] L. J. Lauhon, M. S. Gudiksen, D. Wang & C. M. Lieber
Epitaxial core-shell and core-multishell nanowire heterostructures
Nature **2002**, Vol. 420, pp. 57-60

[12] N. Sköld, L. S. Karlsson, M. W. Larsson, M-E. Pistol, W. Seifert, J. Trägårdh, and L. Samuelson
Growth and Optical Properties of Strained GaAs-Ga$_x$In$_{1-x}$P Core-Shell Nanowires
Nanoletters **2005**, Vol. 5, No. 10, pp. 1943-1947

[13] F. Glas
"Critical dimensions for the plastic relaxation of strained axial heterostructures in free standing nanowires"
Physical Rev. B 74, 121302(R) 2006.

[14] V. Khorenko, I. Regolin, S. Neumann, W. Prost, F.-J. Tegude, H. Wiggers
Photoluminescence of GaAs nanowhiskers grown on Si substrate
Appl. Physics Letters, Vol. 85, No. 26, pp.6407-6408, Dezember, 2004

[15] A. L. Roest, M. A. Verheijen, O. Wunnicke, S. Serafin, H. Wondergem and E. P. A. M. Bakkers
Position-controlled epitaxial III-V nanowires on silicon
Nanotechnology **17** (2006) S271-S275

[16] T. Mårtensson, C. Patrik T. Svensson, B. Wacaser, M. Larsson, W. Seifert, K. Deppert, A. Gustafsson, L. R. Wallenberg, and L. Samuelson
Epiaxial III-V Nanowires on Silicon
Nanoletters **2004**, Vol. 4, No. 10, 1987-1990

[17] E. D. Minot, F. Kelkensberg, M. van Kouwen, J. A. van Dam, L. P. Kouwenhoven, V. Zwiller, M. T. Borgström, O. Wunnicke, M. A. Verheijen, and E. P. A. M. Bakkers;
"Single Quantum Dot Nanowire LEDs",
Nano Lett.; *7*(2) 367 – 371**,** 2007.

[18] E. Tutuc, J. Appenzeller, M. C. Reuter, S. Guha
Realization of a Linear Germanium Nanowire p-n Junction
Nanoletters **2004**, Vol. 6, No. 9, pp. 2070-2074.

[19] M. T. Borgström, E. Norberg, P. Wickert, H. A. Nilsson, J. Trägardh, K. A. Dick, G. Statkute, P. Ramvall, K. Deppert and L. Samuelson
Precursor evaluation for in situ InP nanowire doping
Nanotechnology **19** (2008) 445602 (6pp)

[20] K. Haraguchi, T. Katsuyama, K. Hiruma, K. Ogawa
GaAs p-n junction formed in quantum wire crystals
Applied Physics Letters, Vol. 60, No. 6, Februar 1992

[21] X. Duan, Y. Huang, Y. Cui, J. Wang & C. Lieber
Indium phosphide nanowires as building blocks for nanoscale electronic and optoelectonic devices
Nature **2001**, Vol. 409, pp. 66-69.

[22] H.–Y. Cha, H. Wu, Mvs. Chandrashekhar, Y. C. Choi, S. Chae, G. Koley, M. G. Spencer
Fabrication and characterization of pre-aligned gallium nitride nanowire field-sffect transistors
Nanotechnology **2006**, Vol. 17, pp. 1264-1271

[23] S. A. Dayeh, D. P. R. Alpin, X. Zhou, P. K. L. Yu, E. T. Yu, D. Wang
High Electron Mobility InAs Nanowire Field-Effect Transistors
Small **2007**, Vol. 3, No. 2, pp. 326-332.

[24] J. Goldberger, A. I. Hochbaum, R. Fan, P. Yang
Silicon Vertically Integrated Nanowire Field Effect Transistors
Nanoletters **2006**, Vol. 6, No. 5, pp. 973-977.

[25] Q.-T. Do, K. Blekker, I. Regolin, W. Prost, F.J. Tegude;
"High transconductance FET with a single InAs nanowhisker channel, "
IEEE Electron Device Letters, vol. 28, no 8, p. 682, 2007.

[26] T. Bryllert, L.-E.Wernersson, L.E.Froberg, L. Samuelson,
"Vertical high-mobility wrap-gated InAs nanowire Transistor,"
IEEE Electron Device Letters, vol. 27, pp. 323-325, 2005.

[27] C. Thelander, T. Martensson, M. T. Björk, B. J. Ohlsson, M. W. Larsson, L. R. Wallenberg, and L. Samuelson
Single-electron transistors in heterostructure nanowires
Applied Physics Letters, Vol. 83, No. 10, September 2003

[28] M. T. Björk, B. Ohlsson, C. Thelander, A. I. Persson, K. Deppert, L. A. Wallenberg
Nanowire resonant tunneling diodes
Applied Physics Letters, Vol. 81, No. 23, December 2002

[29] C. Thelander, H. A. Nilsson, L. E. Jensen, L. Samuelson
Nanowire Single-Electron Memory
Nanoletters **2005**, Vol. 5, No. 4, pp. 635638.

[30] B. Polyakov, B. Daly, J. Prikulis, V. Lisauskas, B. Vengalis, M. A. Morris, J. D. Holmes, D. Erts
High-Desity Arrays of Germanium Nanowire Photoresistors
Adv. Mater. **2006**, Vol. 18, pp. 1812-1816.

[31] J. Bao, M. A. Zimmler, F. Papasso
Broadband ZnO Single-Nanowire Light-Emitting Diode
Nanoletters **2006**, Vol. 6, No. 8, pp. 1719-1722.

[32] F. Quian, S. Gradecak, Y. Li, C.-Y. Wen, C. M. Lieber
Core/Multishell Nanowire Heterostructures as Multicolor, High-Efficiency Light-Emitting Diodes
Nanoletters **2005**, Vol. 5, No. 11, pp. 2287-2291.

[33] L. K. van Vugt, S. Ruhle, D. Vanmaekelbergh
Phase-Correlated Nondirectional Laser Emission from the End Facets of a ZnO Nanowire
Nanoletters **2006**, Vol. 6, No. 12, pp. 2707-2711.

[34] X. Duan, Y. Huang, R. Agarwal und C. M. Lieber.
Single-nanowire electrically driven lasers.
Nature 421, 241–245 (2003).

[35] C. Patrik T. Svensson, T. Mårtensson, J. Trägårdh, C. Larsson, M. Rask, D. Hessman, L. Samuelson and J. Ohlsson
Monolithic GaAs/InGaP nanowire light emitting diodes on silicon
Nanotechnology **19** (2008) 305201

[36] M. Law, H. Kind, B. Messer, F. Kim, P. Yang
Photochemical Sensing of NO_2 with SnO_2 Nanoribbon Nanosensors at Room Temperature
Angew. Chem. Int. Ed. **2006**, Vol. 41, No. 13, pp. 2405-2408.

[37] Hajime Goto, Katsutoshi Nosaki, Katsuhiro Tomioka, Shinjiro Hara, Kenji Hiruma, Junichi Motohisa, and Takashi Fukui
Growth of Core–Shell InP Nanowires for Photovoltaic Application by Selective-Area Metal Organic Vapor Phase Epitaxy
Applied Physics Express **2** (2009) 035004

[38] Y. Chen, X. Wang, S. Erramilli, P. Mohanty, A. Kalinowski
Silicon-based nanoelectronic field-effect pH sensor with local gate control
Appl. Phys. Lett. **2006**, Vol. 89, 223512

[39] Y. Huang, X. Bai, Y. Zhang
In situ mechanical properties of individual ZnO nanowires and the mass measurement of nanoparticles
J. Phys.: Condens. Matter **2006**, Vol. 18, pp. L179-L184.

[40] P. X. Gao, J. Song, J. Liu, Z. L. Wang
Nanowire Piezoelectric Nanogenerators on Plastic Substrates as Flexible Power Sources for Nanodevices
Adv. Mater. **2007**, Vol. 19, pp. 67-72.

[41] X. Wang, J. Zhou, J. Song, J. Liu, N. Xu, Z. L. Wang
Piezoelectric Field Effect Transistor and Nanoforce Sensor Based on a Single ZnO Nanowire
Nanoletters **2006**, Vol. 6, No. 12, pp. 2768-2772.

[42] R. S. Wagner, W. C. Ellis
Vapor-Liquid-Solid Mechanism of Single Crystal Growth
Applied Physics Letters, Vol. 4, No. 5, März 1964

[43] E. I. Givargizov
Fundamental Aspects of VLS Growth
Journal of Crystal Growth, Vol. 31, pp. 20-30, 1975

[44] H. M. Manasevit
Single-crystal gallium arsenide on insulating substrates
Applied Physics Letters, Vol. 12, No.4, pp. 156-159, February 1968

[45] K. Hiruma, T. Katsuyama, K. Ogawa, , M. Koguchi, H. Kakibayashi and G. P. Morgan
Quantum size microcrystals grown using organometallic vapor phase epitaxy
Applied Physics Letters, Vol. 59, No. 4, Juli 1991

[46] W. M. Bullis
Properties of Gold in Silicon
Solid-State Electronics **1966**, Vol. 9, pp. 143-168.

[47] S. M. Sze, Physics of Semiconductor Devices, 2nd ed. (Wiley, New York, 1981).

[48] G. W. Sears.
A mechanism of whisker growth.
Acta Metal. 3, 367–369 (1955).

[49] R. S. Wagner und W. C. Ellis.
The vapor-liquid-solid mechanism of crystal growth and its application to silicon.
Trans. Met. Soc. AIME 233, 1053–1064 (1965).

[50] K. Hiruma, M. Yazawa, K. Haraguchi, K. Ogawa, T. Katsuyama, M. Koguchi and H. Kakibayashi
GaAs free-standing quantum-size wires
Journal of Applied Physics, Vol. 74, No. 5, September 1993

[51] B. J. Ohlsson, M. T. Björk, M. H. Magnusson, K. Deppert, L. R. Wallenberg, and L. Samuelson
Size-, shape-, and position-controlled GaAs nano-whiskers
Applied Physics Letters, Vol. 79, No. 20, November 2001

[52] E. I. Givargizov.
Periodic instability in whisker growth.
J. Crystal Growth 20, 217–226 (1973).

[53] Y. Wakayama und S.-I. Tanaka.
Kinetics of surface droplet epitaxy and its application to fabrication of mushroom-shaped metal/Si heterostructure on nanometer scale.
Surf. Sci. 420, 190–199 (1999).

[54] R. S. Wagner
Defects in Silicon Crystals Grown by the VLS Technique
J Appl. Phys. **38**, No.1, pp. 1554-1560, (1967)

[55] H. Okamoto and T. B. Massalski
The Au-Si (Gold-Silicon) System
Bulletin of Alloy Phase Diagrams **1983**, Vol. 4, No. 2, pp. 190-198.

[56] P.-Y. Chevalier
A thermodynamic evaluation of the Au-Ge and Au-Si systems
Thermochimica Acta **1989**, Vol. 141, pp. 217-226.

[57] K. Haraguchi, K. Hiruma, K .Hosomi, M. Shirai, and T. Katsuyama
Growth mechanism of planar-type GaAs nanowhiskers
J. Vac. Sci. Technol. B, Vol. 15, No. 5, Sep/Oct 1997

[58] V. G. Dubrovskii, G. E. Cirlin, I. P. Soshnikov, A. A. Tonkikh, N. V. Sibirev, Yu. B. Samaonenko, and V. M. Ustinov
Diffusioninduced growth of GaAs nanowhiskers during molecular beam epitaxy: Theory and experiment
Phys. Rev. B 71, 205325 (2005)

[59] J. Johansson
Regime change for nanowire growth
Nature nanotechnology, Vol. 2, pp. 534-535, 2007

[60] M. T. Borgström, G. Immink, B. Ketelaars, R. Algra, and E. P. A. M. Bakkers
Synergetic nanowire growth
Nature nanotechnology, Vol. 2, pp. 541-544, 2007

[61] M. A. Verheijen, G. Immink, T. de Smet, M. T. Borgström, and E. P. A. M. Bakkers
Growth Kinetics of Heterostructured GaP-GaAs Nanowires
J. Am. Chem. Soc. **2006**, 128, 1353-1359

[62] Landolt-Börnstein - Group IV Physical Chemistry
Phasendiagramm Au-Ga (Gold-Gallium), Volume 5, Subvolume A, 1991
Springer-Verlag Heidelberg, ISSN: 1616-9557, Online Date: June 2003

[63] Kimberly Dick,
Epitaxial Growth and Design of Nanowire and Complex Nanostructures
Doctoral Thesis, Solid State Physics, Lund University, Lund 2007

[64] M. Mattila, T. Hakkarainen, H. Lipsanen, H. Jiang and E. I. Kauppinen
Catalyst-free growth of In(As)P nanowires on silicon
Appl. Phys. Lett. 89, 063119 (2006)

[65] K. Hiruma, H. Murakoshi, M. Yazawa, K. Ogawa, S. Fukuhara, M. Shirai and T. Katsuyama
Growth and Characterisation of Nanometer-Scale GaAs, AlGaAs and GaAs/InAs Wires
IEICE TRANS. ELECTON., Vol. E77-C, No. 9 September 1994

[66] B. J. Ohlsson, M. T. Björk, A. I. Persson, C. Thelander, L .R. Wallenberg, M. H. Magnusson, K. Deppert, L. Samuelson
Growth and characterization of GaAs and InAs nano-whiskers and InAs/GaAs heterostructures
Physica E 13 (2002) 1126-1130

[67] M. T. Borgström, M. A. Verheijen, G. Immink, T. de Smet and E. P. A. M. Bakkers
Interface study on heterostructured GaP-GaAs nanowires
Nanotechnology **17**, (2006) 4010-4013

[68] M. T. Björk, B. Ohlsson, T. Sass, A. I. Persson, C. Thelander, M. H. Magnusson, K. Deppert, L. A. Wallenberg, and L. Samuelson
One-dimensional Steeplechase for Electrons Realized
NANO LETTERS, Vol. 2, No. 2, pp. 87-89, 2002

[69] Z. H. Wu, X. Mei, D. Kim, M. Blumin, H. E. Ruda, J. Q. Liu, and K. L. Kavanagh
Growth, branching, and kinking of molecular-beam epitaxial <110> GaAs nanowires
Applied Physics Letters, Vol. 83, No. 16, Oktober 2003

[70] K. A. Dick, K. Deppert, M. W. Larsson, T. Martensson, W. Seifert, L. R. Wallenberg, and L. Samuelson
Synthesis of branched `nanotrees´ by controlled seeding of multiple branching events
Nature Materials Letters, May 2004

[71] K. A. Dick, Z. Geretovszky, A. Mikkelsen, L. S. Karlsson, E. Lundgren, J-O. Malm, J. Andersen, L. Samuelson, W. Seifert, B. Wacaser and K. Deppert
Improving InAs nanotree growth with composition-controlled Au-In nanoparticles
Nanotechnology **2006**, Vol. 17, pp. 1344-1350.

[72] K. A. Dick, K. Deppert, L. S. Karlsson, W. Seifert, L. Wallenberg, and L. Samuelson
Position-Controlled Interconnected InAs Nanowire Networks
Nanoletters **2006**, Vol. 6, No. 12, pp. 2842-2847.

[73] D. Wang, F. Quian, C. Yang, Z. Zhong, C. M. Lieber
Rational Growth of Branched and Hyperbranched Nanowire Structures
Nanoletters **2004**, Vol. 4, No. 5, pp. 871-874.

[74] A. van Geelen, T. M. F. de Smet, T. van Dongen, and W. M. E. N. van Gils;
Zinc doping of InP by metal organic vapour phase diffusion (MOVPD),
J. Crystal Growth 195, 79 (1998).

[75] D. Franke, F. W. Reier, and N. Grote;
Post-growth Zn diffusion into InGaAs-InP in a LP-MOVPE reactor,
J. Crystal Growth 195, 112 (1999).

[76] Z. F. Paska, D. Haga, B. Willen, and M. K. Linnarsson;
Highly doped p^+ regions by zinc diffusion utilizing metalorganic vapour-phase epitaxy,
Appl. Phys. Lett. 60, 1594 (1992).

[77] K. Byon, D. Tham, J. E. Fischer, and A. T. Johnson;
Synthesis and postgrowth doping of silicon nanowires,
Appl. Phys. Lett. 87, 193104 (2005).

[78] H. B. Huo, L. Dai, C. Liu, L. Y. You, W. Q. Yang, R. M. Ma, G. Z. Ran, and G.G. Qin;
Electrical properties of Cu doped p-ZnTe nanowires,
Nanotechnology 17, 5912 (2006).

[79] F. Qian, Y. Li, S. Gradacak, D. Wang, C. J. Barrelet & C. M. Lieber,
"Gallium nitride-based nanowire radial heterostructures for Nanophotonics"
Nano Lett. **4**, 1975-1979 (2004)

[80] H.-Y. Li, O. Wunnicke, M. T. Borgström, W. G. G. Immink, M. H. M. van Weert, M. A. Verheijen, and E. P. A. M. Bakkers
Remote p-Doping of InAs Nanowires
Nanoletters **2007**, Vol. 7, No. 5, pp. 1144-1148

[81] Y.Wu, Y. Cui, L. Huynh, C. J. Barrelet, D. C. Bell und C. M. Lieber.
Controlled growth and structures of molecular-scale silicon nanowires.
Nano Lett. 4(3), 433–436 (2004).

[82] L. Samuelson
One-dimensional assembly of quantum dots and heterostructures
Lund University, Solid State Physics/ the Nanometer Consortium

[83] Y. F. Chan, X. F. Duan, S. K. Chan, I. K .Sou, X. X. Zhang, and N. Wang
ZnSe nanowires epitaxially grown on GaP(111) substrates by molecular-beam epitaxie
Applied Physics Letters, Vol. 83, No. 13, September 2003

[84] Y. Cui, J. Lauhon, M. S. Gudiksen, J. Wang und C. M. Lieber
Diameter-controlled synthesis of single-crystal silicon nanowires
Applied Physics Letters, Vol. 78, No. 15, April 2001

[85] W. Braun, V. M .Kaganer, A. Trampert, H. Schonherr, Q. Gong, R. Notzel, L. Daweritz, and K. H. Ploog
Diffusion and incorporation: shape evolution during overgrowth on structured substrates
Journal of Crystal Growth, Vol. 227-228, pp. 51-55, Juli 2001

[86] N. Chetty, and R. M. Martin
GaAs (111) and (-1,-1,-1) surfaces and the GaAs/AlAs (111) heterojunction studied using a local energy density
Physical Review B, Vol. 45, No. 11, März 1992

[87] V. Schmidt, S. Senz und U. Gösele.
Diameter-dependent growth direction of epitaxial silicon nanowires.
Nanoletters 2005, Vol. 5, No. 5, pp. 931-935.

[88] U. Krishnamachari, M. Borgstrom, B. J. Ohlsson, N. Panev, L. Samuelson, W.Seifert, M. W. Larsson, and L. R. Wallenberg
Defect-free InP nanowires grown in [001] direction on InP (001)
Appl. Phys. Lett. **85**, No. 11, pp 2077-2079, 2004

[89] J. Liu, Z. Wu, X. Mei, H.E. Ruda, and K. L. Kavanagh
Microstructural characterization of GaAs nanowires grown by molecular-beam epitaxie
Simon Fraser University, Burnaby and University of Toronto, Toronto, Canada

[90] H. Kohno und S. Takeda.
Periodic instability in growth of chains of crystalline silicon nanospheres.
J. Crystal Growth 216, 185–191 (2000).

[91] R. S. Wagner und C. J. Doherty.
Mechanism of branching and kinking during VLS crystal growth.
J. Electrochem. Soc.: Solid State Science 115(1), 93–99 (1968).

[92] T. Martensson, M. Borgström, W. Seifert, B. J. Ohlsson and L. Samuelson
Fabrication of individually seeded nanowire arrays by vapour-liquid-solid growth
Nanotechnology, Vol. 14, pp. 1255-1258, 2003

[93] Q. Tang, X. Liu, T. I. Kamins, G. S. Solomon und J. S. Harris.
Nucleation of Ti-catalyzed self-assembled kinked Si nanowires grown by gas source MBE.
J. Crystal Growth 251, 662–665 (2003).

[94] J. Westwater, D. P. Gosain, S. Tomiya, S.Usui, and H. Ruda
Growth of silicon nanowires via gold/silane vapor-liquid-solid reaction
J. Vac. Sci. Technol. B 15 (3), **1997**, pp. 554-557

[95] M. Paladugu, J. Zou, H. Wang, G. J. Auchterlonie, Y. Kim, H. J. Joyce, Q. Gao, H. H. Tan, C. Jagadish
Understanding the kink formation in GaAs/InAs heterostructural nanowires
1-4244-0453-3/06/$20.00 © 2006 IEEE, pp. 600-603, ICONN 2006

[96] M. W. Larsson, J. B. Wagner, M. Wallin, P. Håkansson, L. E. Fröberg, L. Samuelson, L. R. Wallenberg
Strain mapping in free-standing heterostructured wurtzite InAs/InP nanowires
Nanotechnology **2007**, Vol. 18, 015504

[97] J. Kraus
Molekularstrahlepitaxie und Charakterisierung von pseudomorphen InyGa1-yAs-Kanalschichten für die Anwendung in Submikron-Hererostruktur-Feldeffekttransistoren.
Dissetration, Gehard-Mercator-Universität GH Duisburg, 1994

[98] P. J. Orders, B. F. Usher
Determination of Critical Layer Thickness in InxGa1-xAs/GaAs Heterostrukutres by X-Ray Diffraction.
Appl. Phys. Lett., 50 (15), 980-982 (1987)

[99] E. Ertekin, P. A. Greaney, D. C. Chrzan, T. D. Sands
Equilibrium limits of coherency in strained nanowire heterostructures.
J. Appl. Phys., vol. 97 no. 11, pp. 114325- 1-10 (2005).

[100] M. Bergström, K. Deppert, L. Samuelson, W. Seifert
Size- and shape-controlled GaAs nano-whiskers grown by MOVPE: a growth study
Journal of Crystal Growth, Vol 260, pp.18-22, 2004

[101] M. Pristovsek
Fundamental Growth Processes on Different Gallium Arsenide Surfaces in Metal-Organic Vapor Phase Epitaxy
Dissertation, Technische Universität, Berlin, 2001

[102] J. Johansson, C. Patrik T. Svensson, T. Matrensson, L. Samuleson, and W. Seifert
Mass Transport Model for Semiconductor Nanowire Growth
J. Phys. Chem. B **2005**, 109, 13567-13571

[103] W. Seifert, M. Borgström, K. Deppert, K. A. Dick, J. Johansson, M. W. Larsson, T. Mårtensson, N. Sköld. C. Patrik T. Svensson, B. A. Wacaser, L. R. Wallenberg, L. Samuelson
Growth of one-dimensional nanostructures in MOVPE
Journal of Crystal Growth **272** (2004) 211-220

[104] J. Bauer, V. Gottschalch, H. Paetzelt, G. Wagner, B. Fuhrmann, H. S. Leipner
MOVPE growth and real structure of vertical-aligned GaAs nanowires
Journal of Crystal Growth **2007**, Vol. 298, 625-630

[105] A. I. Persson, M. W. Larsson, S. Stenström, B. J. Ohlsson, L .Samuelson and L. R. Wallenberg
Solid-phase diffusion mechanism for GaAs nanowire growth
Nature materials, Adv. Online Pub., 2004

[106] J. Zhang, L. Zhang, X. Peng, X. Wang,
Vapor-solid growth route to single-crystalline indium nitride nanowires
J. Mater. Chem. **2002**, Vol. 12, pp. 802-804.

[107] T. I. Kamins, R. S. Williams, D. P. Basile, T. Hesjedal, J. S. Harris
Ti-catalyzed Si nanowires by chemical vapour deposition: Microscopy and growth mechanisms
J. Appl. Phys. **2001**, Vol. 89, No. 2, pp. 1008-1016.

[108] K. A. Dick, K. Deppert, T. Mårtensson, B. Mandl, L. Samuelson, and W. Seifert
Failure of the Vapor-Liquid-Solid Mechanism in Au-Assisted MOVPE Growth of InAs Nanowires
Nanoletters **2005**, Vol. 5, No. 4, pp. 761-764

[109] K. A. Dick, K. Deppert, L. S. Karlsson, L. R. Wallenberg, L. Samuelson, and W. Seifert
A New Understanding of Au-Assisted Growth of III-V Semiconductor Nanowires
Adv. Funct. Mater. **2005**, 15, 1603-1610

[110] S. T. Lee, N. Wang, Y. F. Zhang und Y. H. Tang.
Oxide-assisted semiconductor nanowire growth.
MRS Bull. 24, 36–42 (1999).

[111] Y. F. Zhang, Y. H. Tang, N. Wang, C. S. Lee, I. Bello und S. T. Lee.
Onedimensional growth mechanism of crystalline silicon nanowires.
J. Crystal Growth 197, 136–140 (1999).

[112] C. P. Li, C. S. Lee, X. L. Ma, N. Wang, R. Q. Zhang und S. T. Lee.
Growth direction and cross-sectional study of silicon nanowires.
Adv. Mater. 15(7-8), 607–609 (2003).

[113] T. Y. Tan, S. T. Lee und U. Gösele.
A model for growth directional features in silicon nanowires.
Appl. Phys. A 74, 423–432 (2002).

[114] B. Mandl, J. Stangl, T. Mårtensson, A. Mikkelsen, J. Eriksson, L. S. Karlsson, G. Bauer, L .Samuelson, and W. Seifert
Au-free Epitaxial Growth of InAs Nanowires
Nanoletters **2006**, Vol. 6, No. 8, pp. 1817-1821

[115] T. Martensson, J. B. Wagner, E. Hilner, A. Mikkelsen, C. Thelander, J. Stangl, B. J. Ohlsson, A. Gustafsson, E. Lundgren, L. Samuelson, and W. Seifert
Epitaxial Growth of Indium Arsenide Nanowires on Silicone Using Nucleation Templates Formed by Self-Assembled Organic Coatings
Adv. Mater. **2007**, 19, 1801-1806

[116] P. J. Poole, J. Lefebvre, and J. Fraser
Spatially controlled, nanoparticle free growth of InP nanowires
Applied Physics Letters, Vol. 83, No. 10, September 2003

[117] J. Motohisa, J. Noborisaka, J. Takeda, M. Inari, T. Fukui
Catalyst-free selective-area MOVPE of semiconductor nanowires on (111)B oriented substrates
Journal of Crystal Growth **272** (2004) 180-185

[118] J. Motohisa, J. Takeda, M. Inari, J. Noborisaka, T. Fukui
Growth of GaAs/AlGaAs hexagonal pillars on GaAs (111)B surfaces by selective-area epitaxy
Physica E 23 (2004) 298-304

[119] J. Noborisaka, J. Motohisa, and T. Fukui
Catalyst-free growth of GaAs nanowires by selective-area metalorganic vapor-phase epitaxy
Appl. Phys. Lett. **86**, 213102 (2005)

[120] M. Inari, J. Takeda, J. Motohisa, T. Fukui
Selective area MOVPE growth of InP and InGaAs pillar structures for InP-based two-dimensional photonic crystals
Physica E 21 (2004) 620-624

[121] H. Paetzelt, V. Gottschalch, J. Bauer, G. Benndorf, G. Wagner
Selective-area growth of GaAs and InAs nanowires: homo- and heteroepitaxy using SiN_x templates
Journal of Crystal Growth **310** (2008) 5093-5097

[122] K. Tomoika, P. Mohan, J. Noborisaka, S. Hara, J. Motohisa, T. Fukui
Growth of highly uniform InAs nanowire arrays by selective-area MOVPE
Journal of Crystal Growth **298** (2007) 644-647

[123] K. Tomoika, J. Motohisa, S. Hara, and T. Fukui
Control of InAs Nanowire Growth Directions on Si
Nanoletters **2008**, Vol. 8, No. 10, pp. 3475-3480

[124] J. Motohisa, J. Takeda, M. Inari, T. Fukui
Growth and Optical Properties of sD Photonic Crystals Based on Hexagonal GaAs/AlGaAs Pillar Arrays by Selective-Area Metalorganic Vapor Phase Epitaxy
Mat. Res. Soc. Symp. Proc. Vol. 797 © 2004

[125] P. Mohan, J. Motohisa, and T. Fukui
Fabrication of InP/InAs/InP core-multishell heterostructure nanowires by selective area metalorganic vapor phase epitaxy
Appl. Phys. Lett. **88**, 133105 (2006)

[126] P. Mohan, J. Motohisa, and T. Fukui
Realization of conductive InAs nanotubes based on lattice-mismatched InP/InAs core-shell nanowires
Appl. Phys. Lett. **88**, 013110 (2006)

[127] P. Mohan, J. Motohisa and T. Fukui
Controlled growth of highly uniform, axial/radial direction-defined, individually addressable InP nanowire arrays
Nanotechnology **16** (2005) 2903-2907

[128] V. A. Nebol'sin, A. A. Shchetinin, A. A. Dolgachev, and V. V. Korneeva
Effect of the Nature of the Metal Solvent on the Vapor-Liquid-Solid Growth Rate of Silicon Whiskers
Inorganic Materials **2005**, Vol. 41, No. 12, pp. 1256-1259

[129] A. V. Melechko, T. E. McKnight, D. K. Hensley, M. A. Guillorn, A. Y. Borisevich, V. I. Merkulov, D. H. Lowndes and M. L. Simpson
Large-scale synthesis of arrays of high-aspect-ratio rigid vertically aligned carbon nanofibres
Nanotechnology, Vol. 14, pp. 1029-1035, 2003

[130] P. Nguyen, H. T. Ng, and M. Meyyappan
Catalyst Metal Selection for Synthesis of Inorganic Nanowires
Adv. Mater. **2005**, 17, 1773-1777

[131] J. J. Fu, Y. N. Lu, H. Xu, K. F. Huo, X. Z. Wang, L. Li, Z. Hu and Y. Chen
The synthesis of boron nitride nanotubes by an extended vapour-liquid-solid method
Nanotechnology **15** (2004) 727-730

[132] M. Gershenzon and R. M. Mikulyak
Vapor Phase Preparation of Gallium Phosphide Crystals
J. Electrochem. Soc., Vol. 108, Issue 6, pp. 548-551 (1961)

[133] M. Fujii, H. Iwanaga and N. Shibata
Morphology and Polarity of GaAs Needles
Journal of Crystal Growth, Vol. 99, 179-182, 1990

[134] K. Hiruma, H. Murakoshi, M. Yazawa, T. Katsuyama
Self-organized growth of GaAs/InAs heterostructure nanocylinders by organometallic vapor phase epitaxy
Journal of Crystal Growth, Vol. 163, pp. 226-231, 1996

[135] T. Sato, K. Hiruma, M. Shirai, K. Toming, K. Haraguchi, T. Katsuyama, T. Shimada
Site-controlled growth of nanowhiskers
Applied Physics Letters, Vol. 66, No. 2, Januar 1995

[136] Z. H. Wu, X. Y. Mei, D. Kim, M. Blumin and H. E. Ruda
Growth of Au-catalyzed ordered GaAs nanowire arrays by molecular-beam epitaxie
Applied Physics Letters, Vol. 81, No. 27, Dezember 2002

[137] L. Samuelson, C. Thelander, M. T. Björk, M. Borgström, K. Deppert, K. A. Dick, A. E. Hansen, T. Mårtensson, N. Panev, A. I. Persson, W. Seifert, N. Sköld, N. W. Larsson, L. R. Wallenberg
Semiconductor nanowires for 0D and 1D physics and applications
Physica E 25 (2004) 313-318

[138] M. H. Magnusson, K. Deppert, J. O. Malm, J .O. Bovin, and L. Samuelson
Gold nanoparticles: Production, reshaping, and thermal charging
Journal of Nanoparticle Research, Vol. 1, pp. 243-251, 1999

[139] K. Deppert, F. Schmidt, T. Krinke, J. Dixkens, H. Fissan
Electrostatic precipitator for homogeneous deposition of ultrafine particles to create quantum-dot structures
J. Aerosol Sci. **1996**, Vol. 27, pp. S151-S152.

[140] H. G. Scheibel and J. Porstendörfer
Generation of monodisperse Ag- and NaCl-aerosols with particle diameters between 2 and 300 nm
J. Aerosol Sci. **1983**, Vol. 14, No. 2, pp. 113-126.

[141] E. O. Knutson, K. T. Whitby
Aerosol Classification by electric mobility: Apparatus, Theory, and Applications
Journal of Aerosol Science, Vol. 6, pp. 4423-451, 1975

[142] L. S. Karlsson, K. Deppert and J.-O. Malm
Size determination of Au aerosol nanoparticles by off-line TEM/STEM observations
Journal of Nanoparticle Research (**2006**) 8:971-980

[143] T. Junno, K. Deppert, L. Montelius and L. Samuelson
Controlled manipulation of nanoparticles with atomic force microscope
Applied Physics Letters, Vol. 66, No. 26, Juni 1995

[144] Do Quoc Thai
Herstellung von Einzelelektronensystemen durch Strukturierung und Manipulation mit dem Rasterkraftmikroskop
Diplomarbeit, Institut für Physik, Universität Duisburg, Juli 2002

[145] Ted Pella, Inc.
P.O. Box 492477, Redding, CA 96049-2477
www.tedpella.com

[146] Florian Michael Kolb
Wachstum und Charakterisierung von Siliziumnanodrähten
Dissertation, Mathematisch-Naturwissenschaftlich-Technischen Fakultät, Martin-Luther-Universität Halle-Wittenberg

[147] Y. Seki, K. Tanno, K. Iida, and E. Ichiki
Properties of Epitaxial GaAs Layers from a Triethyl Gaaium and Arsine System
J. Electrochem. Soc., Vol. 122, No. 8, pp. 1108-1112, 1975

[148] G. B. Stringfellow
Organometallic vapor-phase epitaxy: Theorie and practice
Academic Press Inc. Ltd., London, ISBN: 0-12-673840-8, 1989

[149] S. Nakamura
First III-V-nitride-based violet laser diodes
Journal of Crystal Growth, Vol. 170, Issue: 1-4, pp. 11-15, 1997

[150] J. C. C. Fan
Heterostructure Device Wafer Manufacturing for Telecom Applications for 4" and 6" Wafer Fabs
KOPIN Corporation, 695 Myles Standish Boulevard, Taunton, USA, 2000

[151] F. Scholz
ESPRIT MORSE: research for novel metal-organic precursors
Materials Science and Engineering B 21, pp. 147-152, 1993

[152] M. Yazawa, M. Koguchi, K. Hiruma
Heteroepitaxial ultrafine wire-like growth of InAs on GaAs substrates
Applied Physics Letters, Vol. 58, No. 10, März 1991

[153] K. Hiruma, M. Yazawa, T. Katsuyama, K. Ogawa, K. Haraguchi, M. Koguchi and H. Kakibayashi
Growth and optical properties of nanometer-scale GaAs and InAs whiskers
Journal of Applied Physics, Vol. 77, No. 2, Januar 1995

[154] K. Haraguchi, K. Hiruma, T. Katsuyama, K. Tominaga, M. Shirai, and T. Shimada
Self-organized fabrication of planar GaAs nanowhisker arrays
Applied Physics Letters, Vol. 69, No. 3, Juli 1996

[155] M .Mattila, T. Hakkarainen, M. Mulot and H. Lipsanen
Crystal-structure-dependent photoluminescence from InP nanowires
Nanotechnology **17** (2006) 1580-1583

[156] S. A. Dayeh, E. T. Yu, and D. Wang
III-V Nanowire Growth Mechanism: V/III Ratio and Temperature Effects
Nanoletters **2007**, Vol. 7, No. 8, pp. 2486-2490

[157] M. Mattila, T. Hakkarainen, H. Jiang. E. I. Kauppinen and H. Lipsanen
Effect of substrate orientation on the catalyst-free growth of InP nanowires
Nanotechnology **18** (2007) 155301

[158] P. Paiano, P. Prete, N. Lo vergine and M. Manchini
Size and shape control of GaAs nanowires grown by metalorganic vapor phase epitaxy using tertiarybutylarsine
J. Appl. Phys., Vol. **100**, 094305, 2006

[159] P. Velling
Zur metallorganischen Gasphasenepitaxie (MOVPE) mittels nicht-gasförmiger Quellen für elektronische Heterostrukturbauelemente basierend auf III/V-Halbleitern
Physik Mikrostrukturierter Halbleiter 24, Lehrstuhl für Mikrocharakterisierung, 2002

[160] F. Scheffer
Metallorganische Gasphasenepitaxie (MOVPE) für Varaktordioden in monolithisch integrierten Mikrowellenoszillatoren
Diplomarbeit, Gerhard-Mercator-Universität, Duisburg, 1990

[161] M. Hollfelder
Verwendbarkeit von N_2 als Trägergas bei der Niederdruck-gasphasenepitaxie von GaAs und $Al_xGa_{1-x}As$
Diplomarbeit, Institut für Schicht- und Ionentechnik, Jülich, Jül-2713, 1993

[162] H. Hardtdegen, M. Daulsberg, P. Kaufmann, L. Kadinski
Modeling of heat transfer and mass transport during AlGaAs growth in N_2 and H_2 ambient
EW MOVPE VIII – Pargue 1999

[163] D. W. Kisker, T. F. Kuech
The principles and practice of organometallic vapor phase epitaxy
Ed.: D. T. J. Hurle, Handbock of Crystal Growth 3, Part A, No. 3, Elsevier 1994

[164] D. Keiper
New and safe MOVPE processes for InP based devices
Dissertation, Department of Electronics, Royal Institute of Technology Sweden, 2000

[165] Werner Prost
Technologie der III/V-Halbleiter
Springer Verlag, Berlin, 1997

[166] M. Borgstrom, T. Bryllert, T. Sass, B. Gustafson, L.-E. Wernersson, W. Seifert and L. Samuelson
High peak-to-valley ratios observed in InAs/InP resonant tunneling quantum dot stacks
Applied Physics Letters, Vol. 78, No. 21, Mai 2001

[167] J. R. Arthur, Jr.
Interaction of Ga and As_2 Molecular Beams with GaAs Surfaces
Communications 1968, pp. 4032-4034.

[168] A. Y. Cho
Morphology of Epitaxial Growth of GaAs by a Molecular Beam Method: The Observation of Surface Structures
J. Appl. Phys. **41**, (7) 1970

[169] A. Y. Cho, M. B. Panish, I. Hayashi
3rd Int. Symp. On Gallium Arsenide and Related Compounds
Inst. of Phys., Conference Series No. 9, 1970, pp. 18-29.

[170] J. L. Liu, S. J. Cai, G. L. Jin, S. G. Thomas und K. L. Wang.
Growth of Si whiskers on Au/Si(111) substrate by gas source molecular beam epitaxy (MBE).
J. Crystal Growth 200, 106–111 (1999).

[171] J. L. Liu, S. J. Cai, G. L. Jin, and K. L .Wang
Wirelike Growth of Si on an Au/Si(111) Substrate by Gas Source Molecular Beam Epitaxy
Electrochem. And Solid-State Lett. **1** (4) 188-190 (1998)

[172] L. Schubert, P. Werner, N. D. Zakharov, G. Gerth, F. M. Kolb, L. Long, U. Gösele and T. Y. Tan
Silicon nanowhiskers grown on <111>Si substrates by molecular-beam epitaxy
Applied Physics Letters, Vol. 84, No. 24, Juni 2004

[173] J. C. Harmand, G. Patriarche, N. Péré-Laperne, M-N. Mérat-Combes, L. Travers, and F. Glas
Analysis of vapor-liquid-solid mechanism in Au-assisted GaAs nanowire growth
Appl. Phys. Lett. **87**, 203101 (2005)

[174] A. I. Persson, B. J. Ohlsson, S. Jeppesen and L. Samuleson
Growth mechanisms fpr GaAs nanowires grown in CBE
Journal of Crystal Growth, Vol 272, pp. 167-174, 2004

[175] A. M. Morales, and C. M. Lieber
A Laser Ablation Method for the Synthesis of Crystalline Semiconductor Nanowires
Science, Vol. 279, pp. 208-211, Januar 1998

[176] X. Duan, J. Wang, and C. M. Lieber
Synthesis and optical properties of gallium arsenide nanowires
Applied Physics Letters, Vol. 76, No. 9, Februar 2000

[177] J. Johansson, L. S. Karlsson, K. A. Dick, J. Bolinsson, B. A. Wacaser, K. Deppert and L. Samuelson
Effects of growth conditions on the crystal structure of gold-seeded GaP nanowires
Journal of Crystal Growth **310** (2008) 5102-5105

[178] J. Johansson, L. S. Karlsson, K. A. Dick, J. Bolinsson, B. A. Wacaser, K. Deppert, and L. Samuelson
Effects of Supersaturation on the Crystal Structure of Gold Seeded III-V nanowires
Crystal Growth & Design **2009**, Vol. 9, No. 2, pp. 766-773

[179] U. Mareck, V. Gottschalch, E. Butter
Wetting of InP by Indium- and Indium-Tin Melts
Crystal Res. Technol. 1989, Vol. 24, No. 9, pp. 887-891

[180] Dr. Daniela Sudfeld
HRTEM Messungen und Analysen an Nanodrähten
Fachbereich Physik, Universität Duisburg-Essen

[181] O. Madelung
Grundlagen der Halbleiterphysik
Springer-Verlag, 1970

[182] Zian Le
HRTEM Messungen und Analysen an Nanodrähten
Fachbereich Physik, Universität Duisburg-Essen

[183] J. Johansson, L. S. Karlsson, C. Patrik T. Svensson, T. Mårtensson, B. A. Wacaser, K. Deppert, L. Samuelson and W. Seifert
Structual properties of <111>B-oriented III-V nanowires
Natuer materials **2006**, Vol. 5, pp. 574-580

[184] K. A. Dick, K. Deppert, L. Samuelson, W. Seifert
Optimization of Au-assisted InAs nanowires grown by MOVPE
Journal of Crystal Growth, Vol. 297, 326-333, 2006

[185] L. E. Jensen, M. T. Björk, S. Jeppesen, A. I. Persson, B. J. Ohlsson, and L. Samuelson
Role of Surface Diffusion in Chemical Beam Epitaxy of InAs Nanowires
Nanoletters 2004, **Vol. 4, No. 10, pp. 1961-1964**

[186] G. B. Stringfellow, Academic Press Inc. Ltd., London, ISBN: 0-12-673840-8, 1975

[187] D.W. Kisker, T. F. Kuech, Ed.: D. T. J. Hurle, Elsevier Science B.V., 1994

[188] I. N. Stranski and L. Krastanov, Sitzungsber. Akad. Wiss. Wien, Math.-Naturwiss. K1 IIb 146 (1938)

[189] D. Sudfeld, I. Regolin, J. Kästner, G. Dumpich, V. Khorenko, W. Prost, and F. - J. Tegude
Single InGaAs Nanowhiskers characterized by analytical transmission electron microscopy
Phase Transitions 2006, Nos. 9-10, 727

[190] (a) http://www.node-project.com/ or (b) C. Thelander, P. Agarwal, S. Brongersma, J. Eymery, L.F. Feiner, A. Forchel, M. Scheffler, W. Riess, B.J. Ohlsson, U. Gösele, L. Samuelson, Nanowire-based one-dimensional electronics, materialstoday, 9(10) 28-35, 2006.

[191] F. Iacopi, P. M. Verheecken, M. Schaekers, M. Caymax, N. Moelans, B. Blanpain, C. Detavernier, J. D'Haen, and H. Griffiths
Alternative Catalysts For Si-Technology Compatible Growth Of Si Nanowires
Mater. Res. Symp. Proc., Vol. 1017, 2007.

[192] W. S. Shi, Y. F. Zheng, N. Wang, C. S. Lee, S. T. Lee
Oxide-assisted growth and optical characterization of gallium-arsenide nanowires
Appl. Phys. Lett. **2001**, Vol. 78, No. 21, pp. 3304-3306.

[193] F. Ding, A. Rosen, K. Bolton
The role of catalytic particle temperature gradient for SWNT growth from small particles
Chem. Phys. Lett. **2004**, Vol. 393, pp. 309-313.

[194] G. Seryogin, I. Shalish, W. Moberlychan, V. Narayanamurti
Catalytic hydride vapour phase epitaxy growth of GaN nanowires
Nanotechnology **2005**, Vol. 16, pp. 2342-2345.

[195] W.-Q. Han, A. Zettl
Pyrolysis approach to the synthesis of gallium nitride nanorods
Appl. Phys. Lett. **2002**, Vol. 80, No. 2, pp. 303-305.

[196] D. Lindackers, C. Janzen, B. Rellinghaus, E. Wassermann, and P. Roth
Nanostruct. Mater. **1998**, 10, 1247.

[197] K. Hitzbleck, H. Wiggers, and P. Roth
Controlled formation and size-selected deposition of indium nanoparticles from a microwave flow reactor on semiconductor surfaces
Appl. Phys. Lett. **2005**, Vol. 87, 093105.

[198] J. Knipping, H. Wiggers, B.F. Kock, T. Hülser, B. Rellinghaus, P. Roth
Synthesis and characterization of nanowires formed by self-assembled particles
Nanotechnology **2004**, Vol. 15, pp. 1665-1670.

[199] Fe-Ga (Iron-Gallium) Phasediagram Landolt-Börnstein, New Series IV/5.

[200] Massalski, Thaddeus B., Binary Alloy Phase Diagrams, ASM International, 2. ed., Ohio 1990

[201] S. Kodambaka, J. Tersoff, M. C. Reuter, F. M. Ross
Germanium Nanowire Growth Below the Eutectic Temperature
Science, Vol 316, pp. 729-732, 4 May 2007

[202] D. Leonard, K. Pond, and P.M. Petroff
Critical layer thickness for self-assembled InAs islands on GaAs
Phys.Rev. B, Vol. 50, No. 16, Oktober 1994

[203] J.W. Matthews and A.E. Blakeslee
Defects in Epitaxial Multilayers
Journal of Crystal Growth, Vol. 27, pp. 118-125, 1974

[204] S. F. Fang, K. Adomi, S. Iyer, H. Morkoç, H. Zabel, C. Choi, and N. Otsuka
Gallium arsenide and other compound semiconductors on silicone
J. Appl. Phys. **68** (7) 1990

[205] J. Bauer, V. Gottschalch, H. Paetzelt, G. Wagner
VLS growth of GaAs/(InGa)As/GaAs axial double-heterostructure nanowires by MOVPE
Journal of Crystal Growth **310** (2008) 5106-5110

[206] Dipl.-Ing. Sasa Vinaji
Kelvin Force Messungen an Nanodrähten
Werkstoffe der Elektrotechnik, Universität Duisburg-Essen

[207] X-Y. Bao, C. Soci, D. Susac, J. Bratvold, D. P. R. Aplin, W. Wei, C-Y. Chen, S. A. Dayeh, K. L. Kavanagh, and D. Wang
Heteroepitaxial Growth of Vertical GaAs Nanowires on Si (111) Substrates by Metal-Organic Chemical Vapor Deposition
Nanoletters **2008**, Vol. 8, No. 11, pp. 3755-3760

[208] A. Bakin, D. Piester, I. Behrens, H.-H. Wehmann, E. Peiner, A. Ivanov, D. Fehly und A. Schlachetzki;
Growth of InP Layers on Nanometer-Scale Patterned Si Substrates
Crystal Growth & Design, Vol. 3, No. 1, 2003 **89**

[209] Dr. Daniela Sudfeld
HRTEM Messungen und Analysen an Nanodrähten
University Berkley

[210] Q-T. Do, I. Regolin, S. Topaloglu, V. Khorenko, W. Prost, and F.-J. Tegude
Fabrication of Electrical Top-Contacts to Free-Standing Nanowires
IEEE EDS Duisburg, Germany, 13.-14 June 2006

[211] D. Weissenberger, M. Dürrschnabel, D. Gerthsen, F. Perez-Willard, A. Reiser, G.M. Prinz, M. Feneberg, K. Thonke, R. Sauer;
„Conductivity of single ZnO nanorods after Ga implantation in a focused-ion-beam system"
Applied Physics Letters, Vol. 91, 2007

[212] D. Stichtenoth, D. Schwen, S. Müller, C. Borchers, C. Ronning;
„Optical activation of implanted impurities in ZnS nanowires";
J. Vac. Sci. Technol., Vol. 24, No. 4, pp. 1356-1359, 2006

[213] C. Ronning, P.X. Gao, Y. Ding, Z.L. Wang;
„Manganese-doped ZnO nanobelts for spintronics"
Applied Physics Letters, Vol. 84, No. 5, pp. 783-785, 2003

[214] E. Schlenker, A. Bakin, H. Schmid, W. Mader, S. Sievers, M. Albrecht, C. Ronning, S. Müller, M. Al-Suleiman, B. Postels, H.-H. Wehmann, U. Siegner, A. Waag;
„Properties of V-implanted ZnO nanorods";
Nanotechnology Vol. 18, 2007

[215] A. Mikkelsen, N. Sköld, L. Ouattara and E. Lundgren
Nanowire growth and dopants studied by cross-sectional scanning tunneling microscopy
Nanotechnology **17** (2006) S362-368

[216] Christoph Gutsche
Herstellung von Nanowire pn-Dioden
Diloma Thesis, University Duisburg-Essen, July 2007.

[217] D. Stichtenoth, K. Wegener, C. Gutsche, I. Regolin, F. J. Tegude, W. Prost, M. Seibt, and C. Ronning
p-type doping of GaAs nanowires
Appl. Phys. Lett. **92**, 163107 (2008)

[218] R. E. Algra, M. A. Verheijen, M. T. Borgström, L. F. Feiner, G. Immink, W. J. P. van Enckevort, E. Vlieg, and E. P. A. M. Bakkers
Twinning superlattices in indium phosphide nanowires
e-print arXiv:0807.1423

[219] L. G. Meiners
Surface potential of anodized p-GaAs MOS capacitors
Appl. Phys. Lett. **1978**, Vol. 33, No. 8, pp. 747-748.

[220] C. Gutsche, I. Regolin, K. Blekker, A. Lysov, W. Prost, and F.-J. Tegude
Controllable p-type doping of GaAs nanowires during vapor-liquid-solid growth
J. Appl. Phys., Vol. 105, 024305 (2009)

[221] H. Okamoto and T. B. Massalski
The Au-C (Gold-Carbon) System
Bulletin of Alloy Phase Diagrams, Vol. 5, No. 4, 1984

[222] Kai Blekker
Kontaktierung und elektrische Charakterisierung von InAs Nanodrähten
Diloma Thesis, University Duisburg-Essen, Dec. 2006.

[223] W. Prost, K. Blekker, Q.-T. Do, I. Regolin, F.-J. Tegude, S. Müller, D. Stichtenoth, K. Wegener, and C. Ronning
Modeling the Carrier Mobility in Nanowire Channel FET
Mater. Res. Soc. Symp. Proc. 1017, 682 (2007)

[224] Y. G. Chai, R. Chow, and C. E. C. Wood
The effect of growth conditions on Si incorporation in molecular beam epitaxial GaAs
Appl. Phys. Lett. **39** (10), 1981

[225] K. Ploog, A. Fischer, and H. Künzel
The Use of Si and Be Impurities for Novel Periodic Doping Structures in GaAs Grown by Molecular Beam Epitaxy
J. Electrochem. Soc. **128** (2), pp. 400-410 (1981)

[226] P. M. Mooney, T. N. Theis, and S. L. Wright
The role of DX centers in limiting the free carrier density in GaAs
Gallium Aresenide and Related Compounds 1987, Inst. Phys. Conf. Ser. No. 91, 359

[227] E. Veuhoff, T. F. Kuech, B. S. Meyerson
A study of silicone incorporation in GaAs MOCVD layers
Journal of the Electrochemical Society, Vol. 132, No 8, pp. 1958-1961, 1985

[228] M .J. Ekenstedt, P. Songpongs, and T. G. Andersson
Electron mobility ans Si incorporation in $In_xGa_{1-x}As$ layers grown on GaAs by molecular beam epitaxy
Appl. Phys. Lett. **61** (7), pp. 789-791 (1992)

[229] C. Gutsche
Kontaktierung von Nanodrähten mittels Elektronenstrahllithographie
Halbleitertechnologie, Universität Duisburg-Essen

[230] A. Lysov
EL-Ergbnisse an topkontaktierten Nanodrähten
Halbleitertechnologie, Universität Duisburg-Essen

[231] T. D. Harris, M. S. Skolnick, J. M. Parsey, Jr. R. Bhat
Donor identification in bulk gallium arsenide
Applied Physics Letters, Vol. 52, No. 5, February 1988

[232] Yun Chen
Transport- und Lumnieszenz-Messungen an Nanodrahthalbleitern
Bachelor Thesis, University Duisburg-Essen, Aug. 2006.

[233] I. Regolin, V. Khorenko, D. Sudfeld, J. Kästner, G. Dumpich, W. Prost, and F.-J. Tegude
Composition control in metel-organic vapor-phase epitaxy grown InGaAs nanowhiskers
J. Appl. Phys. **100**, 074321 (2006)

[234] I. Regolin, D. Sudfeld, S. Lüttjohann, V. Khorenko, W. Prost, J. Kästner, G. Dumpich, C. Meier, A. Lorke, F.-J. Tegude
Growth and characterisation of GaAs/InGaAs/GaAs nanowhiskers on (111)GaAs
Journal of Crystal Growth 2007, Vol. 298, pp. 607-611.

[235] Dipl.-Phys. Matthias Offer
µ-PL und µ-EL Messungen an Nanodrähten
Fachbereich Physik, Universität Duisburg-Essen

7.2 Veröffentlichungen im Rahmen dieser Arbeit

Die Ergebnisse dieser Arbeit wurden in über 40 Vorträgen und Präsentationen auf internationalen Konferenzen und Workshops vorgestellt. An einer führenden Forschungseinrichtung in Japan ist ebenfalls über Ergebnisse diese Arbeit ein Seminar abgehalten worden. Hervorzuheben ist ein eingeladener Vortrag auf dem 3. Nanowire-Workshop 2008 [49].
Im Folgenden ist zunächst das Seminar und anschließend die Veröffentlichungen in Fachzeitschriften und Konferenzbeiträge in chronologischer Reihenfolge aufgeführt.

Seminare:

[1] I. Regolin, F.-J. Tegude
Growth and Characterisation of Nanowhiskers using Metal-Organic Vapour-Phase Epitaxy
Research Center for Integrated Quantum Electronics, Hokkaido University, May, 2006

Veröffentlichungen/ Präsentationen:

[1] V. Khorenko, I. Regolin, S. Neumann, W. Prost, F.-J. Tegude, H. Wiggers[1]
Photoluminescence of GaAs nanowhiskers grown on Si substrate
Appl. Physics Letters, Vol. 85, No. 26, pp.6407-6408, Dezember, 2004
[1]Institute of Combustion and Gasdynamics, University of Duisburg-Essen, Lotharstr. 1, D-47057, Duisburg, Germany

[2] I. Regolin, S. Neumann, V. Khorenko, H. Wiggers[1], W. Prost, F.-J. Tegude
Wachstum von III/V Nano-Whiskern auf Silizium Substraten
DGKK-Workshop "Epitaxie von III/V Halbleitern", 9.-10 Dez. 2004 Freiburg im Breisgau
[1]Institute of Combustion and Gasdynamics, University of Duisburg-Essen, Lotharstr. 1, D-47057, Duisburg, Germany

[3] V. Khorenko, S. Neumann, I. Regolin, W. Prost, F.-J. Tegude
Photoluminescence of GaAs Nanowhiskers Grown on Si Substrate
Proc. Of 'Virtual Journal of Nanoscale Science & Technology', 10.01.2005

[4] I. Regolin, S. Neumann, V. Khorenko, Q. T. Do, H. Wiggers[1], W. Prost, F.-J. Tegude
Electronic and Optoelectronic Properties of III/V Nano-Whiskers Grown on III/V and Silicon Substrates
Nanoelectronics Days 2005, Research center Jülich, February 9-11, 2005
[1]Institute of Combustion and Gasdynamics, University of Duisburg-Essen, Lotharstr. 1, D-47057, Duisburg, Germany

[5] V. Khorenko, I. Regolin, S. Neumann, Q.T. Do, W. Prost, F.-J. Tegude
Characterisation of GaAs nanowhiskers grown on GaAs and Si substrates,
Proc. '17th Int. Conf. on InP and Related Materials (IPRM), Glasgow, U.K., 08.05.2005 - 12.05.2005'

[6] I. Regolin, V. Khorenko, Q. T. Do, W. Prost, F.-J. Tegude, D. Sudfeld[1], J. Kästner[1], G. Dumpich[1], H. Wiggers[2], T. Weber[3], E. Kruis[3]
Wachstum und Material-Charakterisierung von Nanowhiskern
SFB 445 Tagung, Ritzlern, Oktober 2005
[1]Department of Physics, Experimental Physics, AG Farle, University of Duiburg-Essen, Lotharstr. 1, D-47057, Duisburg, Germany
[2]Institute of Combustion and Gasdynamics, University of Duisburg-Essen, Lotharstr. 1, D-47057, Duisburg, Germany
[3]Department of Nanostrukturtechnik, University of Duiburg-Essen, Bismarkstr. 81, D-47057, Duisburg, Germany

[7] I. Regolin, Q. T. Do, S. Lüttjohann[1], D. Sudfeld[2], V. Khorenko, W. Prost, C. Meier[1], A. Lorke[2], J. Kästner[2], G. Dumpich[2], F.-J. Tegude
Growth and Characterisation of Single InGaAs Nanowhiskers
International Symposium on Structure and Dynamics on the Nanometer Scale, Duisburg, November, 2005
[1] Department of Physics, Solid-State Physics, University of Duiburg-Essen, Lotharstr. 1, D-47057, Duisburg, Germany
[2]Department of Physics, Experimental Physics, AG Farle, University of Duiburg-Essen, Lotharstr. 1, D-47057, Duisburg, Germany

[8] I. Regolin, V. Khorenko, D. Sudfeld[1], W. Prost, F.-J. Tegude
Wachstum und Charakterisierung von $In_xGa_{1-x}As$ Nano-Whiskern
DGKK-Workshop "Epitaxie von III/V Halbleitern", 8.-9 Dez. 2005, Duisburg
[1]Department of Physics, Experimental Physics, AG Farle, University of Duiburg-Essen, Lotharstr. 1, D-47057, Duisburg, Germany

[9] D. Sudfeld[1], J. Kästner[1], G. Dumpich[1], I. Regolin, V. Khorenko, W. Prost, F.-J. Tegude
HR-(S)TEM-Untersuchungen an $In_xGa_{1-x}As$ Nano-Whiskern
DGKK-Workshop "Epitaxie von III/V Halbleitern", 8.-9 Dez. 2005, Duisburg
[1]Department of Physics, Experimental Physics, AG Farle, University of Duiburg-Essen, Lotharstr. 1, D-47057, Duisburg, Germany

[10] A. Poloczek, I. Regolin, W. Prost, F.-J. Tegude
Wachstum und Anwendung von InGaAsP-Schichten für optoelektronische Detektoren hoher Funktionsdichte
DGKK-Workshop "Epitaxie von III/V Halbleitern", 8.-9 Dez. 2005, Duisburg

[11] H.-J. Schimper[1], U. Seidel[1], U. Bloeck[1], I. Regolin, F.-J. Tegude, K. Schwarzburg[1], F. Willig[1], T. Hannappel[1]
III-V Einzelsolarzellen auf der Gitterkonstanten von InP(100)
DGKK-Workshop "Epitaxie von III/V Halbleitern", 8.-9 Dez. 2005, Duisburg
[1]Hahn-Meitner-Institut, Berlin

[12] I. Regolin, Q. T. Do, S. Topaloglu, W. Prost, F.-J. Tegude
Topkontaktierung freistehender Whisker Arrays
SFB Workshop Witten-Bommerholz, März 6 - 7, 2006

[13] D. Sudfeld[1], J. Kästner[1], G. Dumpich[1], I. Regolin, V. Khorenko, W. Prost, F.-J. Tegude, S. Lüttjohann[2], C. Meier[2], A. Lorke[2]
HR-TEM characterization of InGaAs Nanowhiskers
DPG Frühjahrtagung, Berlin, März, 2006
[1]Department of Physics, Experimental Physics, AG Farle, University of Duiburg-Essen, Lotharstr. 1, D-47057, Duisburg, Germany
[2]Department of Physics, Solid-State Physics, University of Duiburg-Essen, Lotharstr. 1, D-47057, Duisburg, Germany

[14] Q. T. Do, I. Regolin, V. Khorenko, W. Prost, F.-J. Tegude
Electronic Transport Studies of Single InAs Nanowires
DPG Frühjahrtagung, Berlin, März, 2006

[15] A. Poloczek, W. Wang, J. Driesen, I. Regolin, W. Prost, F.-J. Tegude
Concept and Development of a New Mobile-Gate with All Optical Input
Proc. 'German Microwave Conference (GeMic), Karslruhe, Germany, 28.03.2006 - 30.03.2006'

[16] Q.-T. Do, I. Regolin, V. KhorenkoW. Prost, F.-J. Tegude
Electronic Transport Studies of Single InAs Nanowhiskers
'DPG-Frühjahrstagung' 2006, Dresden, Germany

[17] D. Sudfeld[1], J. Kästner[1], G. Dumpich[1], S. Lüttjohann[2], C. Meier[2], A. Lorke[2], I. Regolin, V. Khorenko, W. Prost, F.-J. Tegude
HR-TEM characterization of InGaAs Nanowhiskers
'DPG-Frühjahrstagung' 2006, Dresden, Germany
[1]Department of Physics, Experimental Physics, AG Farle, University of Duiburg-Essen, Lotharstr. 1, D-47057, Duisburg, Germany
[2]Department of Physics, Solid-State Physics, University of Duiburg-Essen, Lotharstr. 1, D-47057, Duisburg, Germany

[18] Q.T. Do, I. Regolin, A. Matiss, V. Khorenko, W. Prost, F.-J. Tegude
Fabrication and Electrical Characterization of n-InAs Single Nanowhisker Field-Effect Transistors
Proc. 'Int. Conf. on InP and Related Materials (IPRM), Princeton, NJ, USA, 08.05.2006 - 11.05.2006'

[19] I. Regolin, D. Sudfeld[1], S. Lüttjohann[2], V. Khorenko, W. Prost, J. Kästner[1], G. Dumpich[1], C. Meier[2], A. Lorke[2], F.-J. Tegude
Growth and Charakterisation of GaAs/InGaAs/GaAs Nanowhiskers on (111) GaAs
13th International Conference on Metall Organic Vapor Phase Epitaxy, May 22 – 26, 2006, Miyazaki, Japan
[1]Department of Physics, Experimental Physics, AG Farle, University of Duiburg-Essen, Lotharstr. 1, D-47057, Duisburg, Germany
[2] Department of Physics, Solid-State Physics, University of Duiburg-Essen, Lotharstr. 1, D-47057, Duisburg, Germany

[20] A. Poloczek, A. Stöhr[1], I. Regolin, W. Prost, D. Jäger[1], F.-J. Tegude
High Preformance III/V PIN-Diode on a Silicon (001) Substrate for Optoelectronic Recivers
ISIS Summer School Workshop, Boppard am Rhein, May, 2006
[1]Department of Optoelectronic, University of Duisburg-Essen, Lotharstr. 55, D-47057, Duisburg, Germany

[21] Q. T. Do, I. Regolin, S. Topaloglu, V. Khorenko, W. Prost, F.-J. Tegude
Fabrication of Electrical Top-Contacts to Free-Standing Nanowires
IEEE EDS Duisburg, Germany, 13.-14 June 2006

[22] I. Regolin, V. Khorenko, W. Prost, F.-J. Tegude, D. Sudfeld[1], J. Kästner[1], G. Dumpich[1]
Composition Control in Metal-Organic Vapour-Phase Epitaxie Grown InGaAs Nanowhiskers
Journal of Applied Physics, Vol. 100, No. 5, 2006
[1]Department of Physics, Experimental Physics, AG Farle, University of Duiburg-Essen, Lotharstr. 1, D-47057, Duisburg, Germany

[23] I. Regolin, Q.-T. Do, W. Prost, F.-J. Tegude
Nanowires for electronic and photonic applications
Symposium on Opto- and Microelectronic Devices and Circuits, Spetember 02-08, 2006, Duisburg, Germany

[24] I. Regolin, Q.-T. Do, S. Topaloglu, W. Prost, F.-J. Tegude
Fabrication of Electrical Top-Contacts to Free-Standing Nanowire Arrays
SPP 1165 Workshop Kleinwalsertal, Austria, 11.-15. September 2006

[25] Q.-T. Do, K. Blecker, I. Regolin, W. Prost, F.-J. Tegude
Experimental and modeled transconductance of InAs Nanowire-FET
Symposium on Semiconductor Nanowires, Eindhoven, September 19th, 2006

[26] D. Sudfeld[1], J. Kästner[1], G. Dumpich[1], I. Regolin, V. Khorenko, W. Prost, F.-J. Tegude
Investigation of the heterojunction sharpness of nanowhiskers by analytical TEM measurements
Symposium on Semiconductor Nanowires, Eindhoven, September 19th, 2006
[1]Department of Physics, Experimental Physics, AG Farle, University of Duiburg-Essen, Lotharstr. 1, D-47057, Duisburg, Germany

[27] D. Sudfeld[1], I. Regolin, J. Kästner[1], G. Dumpich[1], V. Khorenko, W. Prost, F.-J. Tegude
Single InGaAs Nanowhiskers characterized by analytical transmission electron microscopy
*Phase Transitions **2006**, Nos. 9-10, 727*
[1]Department of Physics, Experimental Physics, AG Farle, University of Duiburg-Essen, Lotharstr. 1, D-47057, Duisburg, Germany

[28] Q.-T. Do, K. Blekker, I. Regolin, W. Prost, F.J. Tegude
Scaleable transconductance of single n-doped InAs Nanowire-FET by variation of SiN_x gate dielectric thicknesses
Nanoelectronics Days 2006,RTWH Aachen, Oktober 11-13, 2006

[29] I. Regolin, Q. T. Do, W. Prost, F.-J. Tegude
Wachstum und Charakterisierung von pn-GaAs Nano-Whisker LED´s
DGKK-Workshop "Epitaxie von III/V Halbleitern",7.-8 Dez. 2006, Ulm

[30] D. Sudfeld[1], J. Kästner[1], G. Dumpich[1], I. Regolin, W. Prost, F.-J. Tegude
ATEM-Untersuchungen an Nanowhisker-Heteroübergängen der Gruppen III und V
DGKK-Workshop "Epitaxie von III/V Halbleitern",7.-8 Dez. 2006, Ulm
[1]Department of Physics, Experimental Physics, AG Farle, University of Duiburg-Essen, Lotharstr. 1, D-47057, Duisburg, Germany

[31] Q.-T. Do, K. Blekker, I. Regolin, W. Prost, F.J. Tegude
"High transconductance FET with a single InAs nanowhisker channel, "
IEEE Electron Device Letters, vol. 28, no 8, p. 682, 2007.

[32] I. Regolin, V. Khorenko, W. Prost, D. Sudfeld[1,] J. Kästner[1], G. Dumpich[1], K. Hitzbleck[2], H. Wiggers[2], F.-J. Tegude
GaAs Whiskers Grown by Metll-Organic Vapour-Phase Epitaxy Using Fe Nanoparticles
J. Appl. Phys., Vol. 101, 054318 (2007)
[1]Department of Physics, Experimental Physics, AG Farle, University of Duiburg-Essen, Lotharstr. 1, D-47057, Duisburg, Germany
[2]Institute of Combustion and Gasdynamics, University of Duisburg-Essen, Lotharstr. 1, D-47057, Duisburg, Germany

[33] I. Regolin, D. Sudfeld[1], S. Lüttjohann[1], V. Khorenko, W. Prost, J. Kästner[1], G. Dumpich[1], C. Meier[2], A. Lorke[2], F.-J. Tegude
Growth and characterisation of GaAs/InGaAs/GaAs nanowhiskers on (111)GaAs
Journal of Crystal Growth 2007, Vol. 298, pp. 607-611.
[1]Department of Physics, Experimental Physics, AG Farle, University of Duiburg-Essen, Lotharstr. 1, D-47057, Duisburg, Germany
[2] Department of Physics, Solid-State Physics, University of Duiburg-Essen, Lotharstr. 1, D-47057, Duisburg, Germany

[34] I. Regolin, C. Gutsche, Q.-T. Do, W. Prost, F.-J. Tegude
Herstellung von pn-Übergängen in Nanodrähten
Workshop des SFB 445, Nordwalde, Germany, 14.03.2007 – 15.03.2007.

[35] W. Prost, K. Blekker, Q.-T. Do, I. Regolin, F.-J. Tegude, S. Müller[1], D. Stichtenoth[1], K. Wegener[1], and C. Ronning[1]
Modeling the Carrier Mobility in Nanowire Channel FET
Mater. Res. Soc. Symp. Proc. 1017, 682 (2007)
[1]II. Institute of Physics, University of Göttingen, Friedrich-Hund-Platz 1, 37077 Göttingen, Germany

[36] D. Sudfeld[1], J. Kästner[1], G. Dumpich[1], I. Regolin, W. Prost, F.-J. Tegude
Investigation of the heterojunction sharpness of nanowhiskers by analytical TEM measurements
Material Research Society Spring Meeting (MRS), San Francisco, CA, USA, 09.04.2007 – 13.04.2007.
[1]Department of Physics, Experimental Physics, AG Farle, University of Duiburg-Essen, Lotharstr. 1, D-47057, Duisburg, Germany

[37] I. Nannen, A. Poloczek, A. Matiss, W. Brockerhoff, I. Regolin, F.-J. Tegude
InP-HEMT-TIA with differential optical input using vertical high topology pin-diodes
Proc. 'Int. Conf. on InP and Related Materials (IPRM), Matsue, Japan, 14.05.2007 - 18.05.2007', pp. 107-109.

[38] Q.T. Do, K. Blekker, I. Regolin, W. Prost, F.-J. Tegude
Single n-InAs Nanowire MIS-Field-Effect Transistor: Experimental and Simulation Results
Proc. 'Int. Conf. on InP and Related Materials (IPRM), Matsue, Japan, 14.05.2007 - 18.05.2007', pp. 392-395.

[39] A. Lysov, I. Regolin, C. Gutsche, K. Blekker, W. Prost, F.-J. Tegude
Fabrication and electrical characterization of III-V semiconductor nanodiode
Schwerpunktprogrammtreffen (SSP), Norderney, Germany, 20.08.2007 – 24.08.2007.

[40] I. Regolin, C. Gutsche, A. Lysov, W. Prost, F.-J. Tegude
Kombination von Nanodrahtwachstum mit konventionellem Schichtwachstum
DGKK Workshop "Epitaxie von III/V Halbleitern", 6.-7 Dez. 2007, Marburg

[41] A. Lysov, I. Regolin, C. Gutsche, K. Blekker, W. Prost, F.-J. Tegude
Dotierungsproblematik der GaAs-Nanodrähte
DGKK Workshop "Epitaxie von III/V Halbleitern", 6.-7 Dez. 2007, Marburg

[42] C. Gutsche, I. Regolin, W. Prost, F.-J. Tegude, D. Stichtenoth[1], K. Wegener[1], M. Seibt[1], C. Ronning[1]
Ion implanted GaAs-nanowires
Nanoelectronic Days 2008 (ND), Aachen, Germany, 13.05.2008 - 16.05.2008
[1]II. Inst. of Physics, University of Goettingen, Germany

[43] K. Blekker, I. Regolin, W. Prost, F.-J. Tegude
Gate Length Scaling of InAs Nanowire Field-Effect-Transistors
Nanoelectronic Days 2008 (ND), Aachen, Germany, 13.05.2008 - 16.05.2008

[44] D. Stichtenoth[1], K. Wegener[1], C. Gutsche, I. Regolin, F. J. Tegude, W. Prost, M. Seibt[2], and C. Ronning[3]
P-type doping of GaAs nanowires
Appl. Phys. Lett. 92, 163107 (2008)
[1]II. Institute of Physics, University of Göttingen, Germany
[2]IV. Institute of Physics, University of Göttingen, Germany
[3]Institute for Solid State Physics, University of Jena, Germany

[45] A. Lysov, I. Regolin, C. Gutsche, K. Blekker, W. Prost, F.-J. Tegude
Doping of GaAs Nanowires via VLS-Mechanism
IC MOVPE, Metz (France), 01.-06.06.08

[46] K. Blekker, A. Matiss, B. Münstermann, B. Li, I. Regolin, Q.T. Do, W. Prost, F.-J. Tegude
Coplanar Contact Pattern for single InAs Nanowire FET
66th Annual Device Research Conference (DRC), Santa Barbara, CA, USA, 23.06.2008 - 25.06.2008

[47] C. Gutsche, I. Regolin, W. Prost, F.-J. Tegude, D. Stichtenoth[1], K. Wegener[1], M. Seibt[1], C. Ronning[1,2]
Electrical and structural characterization of Ion implanted GaAs nanowires
Electronic Materials Conference, Santa Barabara, 26.06.2008
[1]II. Inst. of Physics, University of Goettingen, Germany
[2]Inst. for Solid-State Physics, University of Jena, Germany

[48] S. Vinaji[1], A. Lochthofen[1], W. Mertin[1], G. Bacher[1], I. Regolin, C. Gutsche, K. Blekker, W. Prost, F.-J. Tegude
Local Electrical Analysis of a Single Semiconductor Nanowire by Kelvin Probe Force Microscopy
ICPS (International Conference on the Physics of Semiconductors), Rio de Janeiro (Brazil), 27.07.-01.08.08
[1]Dept. of Materials for Electrical Engineering, University Duisburg

[49] I. Regolin
Doping of (In)GaAs Nanowires
3rd Nanowire Growth Workshop, Duisburg, Germany, 15.09.08 – 16.09.08

[50] S. Vinaji[1], A. Lochthofen[1], W. Mertin[1], G. Bacher[1], I. Regolin, C. Gutsche, K. Blekker, W. Prost, F.-J. Tegude
Kelvin probe force microscopy as a tool for the characterization of single semiconductor nanowires
3rd Nanowire Growth Workshop, Duisburg, Germany, 15.09.08 – 16.09.08

[51] C. Borschel[1], R. Niepelt[1], S. Geburt[1], C. Gutsche, I. Regolin, W. Prost, F.-J. Tegude, D. Stichtenoth[2], D. Schwen[3], C. Ronning[1]
Ion Beam Induced Alignment of Semiconductor Nanowires
MRS Fall Meeting, Boston, USA, 01.12.2008 - 05.12.2008
[1]Inst. for Solid-State Physics, University of Jena, Germany
[2]IV. Inst. of Physics, University of Goettingen, Germany
[3]Dept. of Materials Science and Engineering, University of Illinois, USA

[52] A. Lysov, I. Regolin, C. Gutsche, W. Prost, F.-J. Tegude
Kontrollierte Zink Dotierung von GaAs Nanodrähten
DGKK Workshop "Epitaxie von III/V Halbleitern", 4.-5. Dez. 2008, Braunschweig

[53] C. Gutsche, I. Regolin, K. Blekker, A. Lysov, W. Prost, and F.-J. Tegude
Controllable p-type doping of GaAs nanowires during vapor-liquid-solid growth
J. Appl. Phys., Vol. 105, 024305 (2009)

[54] S. Vinaji[1], A. Lochthofen[1], W. Mertin[1], I. Regolin, C. Gutsche, K. Blekker, W. Prost, F.-J. Tegude, G. Bacher[1]
Local electrical analysis of a single semiconductor nanowire
DPG Frühjahrstagung, Dresden, Germany, 22.03.2009 - 27.03.2009
[1]Dept. of Materials for Electrical Engineering, University Duisburg & CeNIDE

[55] I. Regolin, C. Gutsche, A. Lysov, W. Prost, M. Malek, S. Vinaji[1], W. Mertin[1], G. Bacher[1], M. Offer[2], A. Lorke[2], F.-J. Tegude
Axial doping profile in VLS grown GaAs:Zn nanowires
Europ. Workshop on MOVPE and Rel. Growth Techniques (EW MOVPE), Ulm, Germany, 08.06.2009 - 10.06.2009
[1]Dept. of Materials for Electrical Engineering, University Duisburg
[2]Dept. of Experimental Physics, University Duisburg-Essen

[56] C. Borschel[1], R. Niepelt[1], S. Geburt[1], C. Gutsche, I. Regolin, W. Prost, F.-J. Tegude, D. Stichtenoth[2], D. Schwen[3], C. Ronning
Ion Beam Induced Alignment of Semiconductor Nanowires
[1]Inst. for Solid-State Physics, University of Jena, Germany
[2]IV. Inst. of Physics, University of Goettingen, Germany
[3]Dept. of Materials Science and Engineering, University of Illinois, USA
XVIII Int. Materials Research Congress 2009 (MRS), Cancun, Mexico, 16.08.2009 - 21.08.2009

[57] S. Vinaji[1], A. Lochthofen[1], W. Mertin[1], I. Regolin, C. Gutsche, W. Prost, F.-J. Tegude, G. Bacher[1]
Material and doping transitions in single GaAs-based nanowires probed by Kelvin probe force microscopy
Nanotechnology, Vol. 20 (38) September 2009
[1]Dept. of Materials for Electrical Engineering, University Duisburg

[58] C. Borschel[1], R. Niepelt[1], S. Geburt[1], C. Gutsche, I. Regolin, W. Prost, F.-J. Tegude, D. Stichtenoth[2], D. Schwen[3], C. Ronning[1]
Alignment of Semiconductor Nanowires Using Ion Beams
Small, Vol. 5, (22), 2009
[1]Inst. for Solid-State Physics, University of Jena, Germany
[2]IV. Inst. of Physics, University of Goettingen, Germany
[3]Dept. of Materials Science and Engineering, University of Illinois, USA

[59] I. Regolin, C. Gutsche, A. Lysov, K. Blecker, W. Prost, F.-J. Tegude
n-Dotierung von GaAs Nanodrähten mittels TESn
DGKK Workshop "Epitaxie von III/V Halbleitern", 10.-11. Dez. 2009, Berlin

[60] A. Lysov, C. Gutsche, I. Regolin, K. Blekker, Zi-An Li[1], M. Spasova[1], W. Prost, F.-J. Tegude
Wachstum und Dotierung von InP Nanodrähten
DGKK Workshop "Epitaxie von III/V Halbleitern", 10.-11. Dez. 2009, Berlin
[1]Fachgebiet für Experimentalphysik, Universität Duisburg-Essen

[61] K. Blekker, B. Münstermann, A. Matiss, Q. T. Do, I. Regolin, W. Brockerhoff, W. Prost, F.-J. Tegude
High Frequency Measurements on InAs Nanowire Field-Effect Transistors Using Coplanar Waveguide Contacts
IEEE Transactions on Nanotechnology, Accepted for future publication

8 Danksagung

Von Oktober 2004 bis heute bin ich als wissenschaftlicher Mitarbeiter im Fachgebiet Halbleitertechnik/Halbleitertechnologie (HLT) unter der Leitung von Herrn Prof. Dr. rer. nat. F. J. Tegude tätig. Bei ihm möchte ich mich für das entgegengebrachte Vertrauen in meine Arbeiten an der MOVPE, den Freiraum bei diesen Arbeiten und die interessante Themenstellung bedanken.

Ebenso möchte ich mich bei Herrn Prof. Dr. rer. nat. Knut Deppert für die Übernahme des Korreferats bedanken. Er leitet die Nanokristall- und Epitaxie-Gruppe innerhalb des Nanometer Struktur Konsortiums in Lund. Seine Gruppe hat in den vergangenen Jahren herausragende Ergebnisse auf dem Gebiet der III/V-Nanodrähte erzielt, daher freut es mich besonders, dass er diese Funktion übernommen hat.

Mein besonderer Dank gilt Herrn Dr.-Ing. Werner Prost, der sich mit äußerst hohem Engagement auf dem Gebiet der Nanotechnologie einbringt. Neben interessanten Anregungen, unzähligen Diskussionen und Begutachtungen, nicht nur dieser Arbeit, trugen innerhalb einer engen Zusammenarbeit einen wesentlichen Teil zum Gelingen dieser Dissertation bei.

Für den erheblichen Aufwand, die nicht unerheblichen Mittel für die MOVPE-Arbeiten zu beschaffen, sowie für die Regelung so mancher „Verwaltungsakte" danke ich Herrn Dr.-Ing. Wolfgang Brockerhoff sehr herzlich. Das Wohl der gesamten HLT liegt ihm besonders nahe und wird durch seine zahlreichen Aktivitäten stetig gefördert. Auch die positive Außendarstellung des Fachbereiches ist zum Großteil sein Verdienst.

Die gesamte Nanodrahtgruppe innerhalb des Fachgebietes wird von Dipl. Ing. Kai Blecker und Dipl. Ing. Christoph Gutsche komplettiert. Die Herstellung von Kontaktstrukturen, die zur Auswertung der Dotierexperimente unbedingt notwendig ist, bedeutet einen enormen Aufwand. Bei ihnen, sowie den bereits ausgeschiedenen Dr.-Phys. Viktor Khorenko und Dr.-Phys. Quoc Thai Do möchte ich mich ganz herzlich für die gute Zusammenarbeit bedanken.

Das Thema Sicherheit spielt gerade bei der Entwicklung von neuen Technologien eine große Rolle. Die HLT verfügt mit Ing. Raimund Tilders über einen Sicherheitsingenieur, der es auf geschickte Weise versteht, trotz notwendiger Sicherheitsauflagen, genügend Freiraum für wissenschaftliche Experimente zu erhalten.

Dipl. Phys. Andrej Lysov und Ing. Ralf Geitmann bildeten mit mir das MOVPE Epitaxie-Team und unterstützten mich dabei während etwa 700 Wachstumsversuchen. Für zusätzlichen Rat im Bezug auf anlagentechnische und wissenschaftliche Fragen waren stets Dr.-Ing. Peter Velling sowie Dr.-Phys. Stefan Neumann, der mich auch schon während meiner Diplomarbeit hervorragend betreute, bereit.

Für den, in dieser Arbeit, angewandten Wachstumsmodus für Nanodrähte sind verschiedenste Nanopartikel, die als Wachstumskeim fungieren, notwendig. Diese wurden mir in Form von Gold- und Eisenpartikeln in der flüssigen Phase von Dipl. Ing. Klemens Hitzbleck und Dr. rer. nat. Hartmut Wiggers zur Verfügung gestellt. Diverse Partikel aus der Gasphase erhielt ich von Dr. Ing. Thomas Weber, sowie PD Dr.-Ing. Einar Kruis.

Die Charakterisierung von Nanostrukturen ist ein sehr aufwändig und alleine nicht zu bewältigen. Dr. Phys. Daniela Sudfeld und Dr. Zian Lee danke ich daher für die sehr aufwändigen und detaillierten Untersuchungen mittels dem Transmissionselektronenmikroskop (TEM), ohne die einige Ergebnisse dieser Dissertation nicht entstanden wären. Während der hochauflösenden Rasterelektronenmikroskopie konnte ich mich stets auf die Unterstützung durch Wolfgang Kunze verlassen. Dipl. Ing. Sasa Vinaj, Dipl. Phys. Matthias Offer, sowie Dr.-Phys. Stephan Lüttjohann halfen mir mit verschiedensten Charakterisierungsmethoden und Diskussionen bei der Interpretation der zahlreichen Ergebnisse.
Um die Dotierungsproblematik erfolgreich zu bearbeiten wurden von PD Dr.-Carsten Ronning und Dr.-Phys. Daniel Stichtenoth, im Rahmen einer erfolgreichen Kooperation innerhalb des Schwerpunktprogramms „Nanodrähte und Nanoröhren", Ionenimplantationen an Nanodrähten durchgeführt und darüber hinaus mittels TEM-Analysen charakterisiert. Durch eine weitere fruchtbare Zusammenarbeit innerhalb dieses Schwerpunktprogramms, konnte das Wachstum auf Silizium durch speziell vorbereitete Proben, die ich von Dr. Peter Werner vom Max-Plank-Institut aus Halle erhielt, deutlich verbessert werden.

Ein weiterer Dank gilt den ehemaligen, bzw. aktuellen Kollegen Dr.-MSc. Serkan Topaloglu, Dipl. Ing. Artur Poloczek, Heike Barbknecht, Andrea Osinski, Horst Bathel und Udo Doerk die mich stets innerhalb der Technologie unterstützt haben und ebenfalls allen übrigen Mitarbeitern des Fachbereiches für ihre Hilfsbereitschaft und die gute Stimmung während meiner Arbeit. Ich wünsche allen, dass sie ihre persönlichen Ziele erreichen.

Zum Schluss möchte ich meiner Familie für die unermüdliche Unterstützung während der Entstehung dieser Arbeit danken. Ohne die Hilfe meiner Eltern wäre mein Studium sowie diese Dissertation nicht in dieser Form möglich gewesen. Im Speziellen möchte ich auch meiner Frau Antje danken. Gerade in Kombination mit der Fülle an sportlichen Aktivitäten, die für mich, neben dieser Dissertation, eine Menge Zeit in Anspruch genommen haben, war ein hohes Maß an Verständnis notwendig. Danke hierfür.

Der Deutschen Forschungsgemeinschaft (DFG) danke ich für die Unterstützung dieser Arbeit im Rahmen des Sonderforschungsbereiches (SFB) 445:
- *Nanopartikel aus der Gasphase,*
sowie im Rahmen des Schwerpunktprograms (SPP) 1165:
- *Nanodrähte und Nanoröhren*

9 Lebenslauf

Ingo Klaus Regolin
geboren am 22. Mai 1978 in Wesel,
seit 2004 verheiratet mit
Antje Regolin, geb. Roth,
seit 2005 Vater von
Fabian Regolin
seit 2009 Vater von
Jana Regolin

Ausbildung

1984-1988 Grundschule Wesel / Grundschule Hünxe-Bruckhausen

1988-1994 Realschule Voerde
(Abschluss: Fachoberschulreife mit Qualifikation)

1994-1998 Ausbildung zum Elektroinstallateur
(Fa. Gerhard Mölleken in Dinslaken)

1996-1998 Fachoberschule für Technik Dinslaken
(Abschluss: Fachhochschulreife)

1998-1999 Soldat im Grundwehrdienst

1999-2004 Studium der Elektrotechnik an der
Gerhard-**M**ercator-**U**niversität Duisburg (GMU-Duisburg)
- Vertiefungsrichtung: Informationstechnik / Mikroelektronik
- Abschluss: **Diplom Ingenieur Elektrotechnik** (D II)

2003-2004 Praktikum bei der Volkswagen AG
Forschung und Entwicklung, Versuchsbau (Wolfsburg)

2001-2004 studentischer Mitarbeiter an der GMU-Duisburg
- Fachgebiet für Halbleitertechnik (HLT)

2004-2010 wissenschaftlicher Mitarbeiter an der Universität Duisburg-Essen
- Fachgebiet für Halbleitertechnik (HLT)
- **Z**entrum für **H**albleitertechnik und **O**ptoelektronik (ZHO)